资源勘查工程国家一流专业系列教材
中国地质大学（武汉）实验教学系列教材
中国地质大学（武汉）实验技术研究经费资助

地热资源勘查与评价实习指导书

DIRE ZIYUAN KANCHA YU PINGJIA SHIXI ZHIDAOSHU

刘一茗　叶加仁　曹强　葛翔　编著

图书在版编目(CIP)数据

地热资源勘查与评价实习指导书/刘一茗等编著.—武汉:中国地质大学出版社,2022.10
中国地质大学(武汉)实验教学系列教材
ISBN 978-7-5625-5332-8

Ⅰ.①地… Ⅱ.①刘… Ⅲ.①地热勘探-实习-高等学校-教材 ②地热能-资源评价-实习-高等学校-教材 Ⅳ.①P314-45 ②TK521-45

中国版本图书馆 CIP 数据核字(2022)第 217592 号

地热资源勘查与评价实习指导书	刘一茗 叶加仁 曹强 葛翔	编著
责任编辑:周 旭		责任校对:张咏梅
出版发行:中国地质大学出版社(武汉市洪山区鲁磨路388号)		邮编:430074
电　　话:(027)67883511　　传　　真:(027)67883580		E-mail:cbb@cug.edu.cn
经　　销:全国新华书店		http://cugp.cug.edu.cn
开本:787 毫米×1092 毫米 1/16	字数:128 千字	印张:5
版次:2022 年 10 月第 1 版	印次:2022 年 10 月第 1 次印刷	
印刷:武汉市籍缘印刷厂		
ISBN 978-7-5625-5332-8		定价:28.00 元

如有印装质量问题请与印刷厂联系调换

前 言

"新能源勘查与评价"是资源勘查工程(新能源英才班)专业的主干课程,该课程阐述的内容分为非常规油气和地热两大部分。非常规油气主要涉及页岩油气、致密砂岩油气及天然气水合物等的基本地质特征、勘查技术方法、资源选取评价和资源量评价的讲解和说明。地热资源勘查与评价是在地热学基础课程的理论基础上,对地热资源勘查和评价的相关理论与方法技术等方面内容的进一步阐明。地热部分课程的设立旨在引导学生理解地热勘查技术运用的宏观思想和地热资源潜力评价的微观参数,传授地热勘查与资源评价的相关知识和理论,阐明地热评价中不同参数获取的实验技术方法和资源潜力评价手段,培养学生发展地热勘查技术和建立地热资源评价理论的基本思想和能力,同时使学生了解国内外地热资源状况以及勘查技术与资源评价新进展,增强学生对地热勘查的责任感和使命感。

实践教学是巩固理论知识和加深理论认识的有效途径,《地热资源勘查与评价实习指导书》主要是通过介绍各类地热勘查方法和实验技术手段帮助学生深刻理解地热勘查与评价的理论方法和实践内容,了解地热勘查的新进展、新动态、新技术,真正掌握地质调查、地球物理勘查、地球化学勘查等不同类型地热勘查研究思路及方法,地热能实际应用现象,岩石热物理、地热水化学性质的实验技术方法以及地热资源潜力评价方法。

本实习指导书内容设置密切联系课程主体教学内容,主要包括全球地热资源前景分析与评价、地热地质调查研究思路及方法、地热地球物理勘查研究思路与分析、地热地球化学勘查研究思路及方法、武汉周边地热项目参观实习、岩石热导率测定、岩石热扩散系数测定、岩石生热率测定、大地热流值计算、地热流体元素测定、地热流体同位素测定、单井地热资源评价共12个实习内容。

本书前言、实习一由叶加仁编写,实习六、实习七、实习八、实习九、实习十、实习十一由刘一茗编写,实习二、实习三、实习四、实习十二由曹强编写,实习五由葛翔编写。全书由刘一茗、叶加仁统稿和定稿。

本实习指导书的编写和出版得到了中国地质大学(武汉)实验教材建设立项和经费资助;在本书的编写中,参考和引用了国内外大量的专著、教材、公开文献和内部研究资料;初稿完成后得到了沈传波、蒋恕等教授的审阅,他们提出了宝贵的修改意见;余汉文博士、张飞硕士进行了大量的资料收集整理和图件清绘等工作,在此一并致谢!

本书可供必修地热学基础、新能源勘查与评价、新能源概论等课程的本科生和研究生教学实习使用。《地热资源勘查与评价实习指导书》内容涉及地热学理论、地热勘查理论、地热资源量计算等众多领域,编著者深感水平有限,在实习内容安排和阐述上难免有疏漏和不足之处,衷心欢迎读者批评指正。

编著者
2022 年 9 月

目 录

实习一　全球地热资源前景分析与评价 ……………………………………………（1）
　一、实习目的 …………………………………………………………………………（1）
　二、实习内容和方法 …………………………………………………………………（1）
　三、实习要求与作业 …………………………………………………………………（6）

实习二　地热地质调查研究思路及方法 ………………………………………………（7）
　一、实习目的 …………………………………………………………………………（7）
　二、相关理论、方法和技术 …………………………………………………………（7）
　三、实习内容和步骤 ………………………………………………………………（10）
　四、实习要求和作业 ………………………………………………………………（13）
　五、思考题 …………………………………………………………………………（14）

实习三　地热地球物理勘查研究思路与分析 ………………………………………（15）
　一、实习目的 ………………………………………………………………………（15）
　二、相关理论、方法和技术 ………………………………………………………（15）
　三、实习内容和步骤 ………………………………………………………………（21）
　四、实习要求和作业 ………………………………………………………………（22）
　五、思考题 …………………………………………………………………………（22）

实习四　地热地球化学勘查研究思路及方法 ………………………………………（24）
　一、实习目的 ………………………………………………………………………（24）
　二、相关理论、方法和技术 ………………………………………………………（24）
　三、实习内容和步骤 ………………………………………………………………（26）
　四、实习要求和作业 ………………………………………………………………（29）
　五、思考题 …………………………………………………………………………（29）

实习五　武汉周边地热项目参观实习 ………………………………………………（30）
　一、实习目的 ………………………………………………………………………（30）
　二、实习内容和步骤 ………………………………………………………………（30）
　三、实习要求和作业 ………………………………………………………………（32）
　四、思考题 …………………………………………………………………………（32）

实习六　岩石热导率测定 ……………………………………………………………（33）
　一、实习目的 ………………………………………………………………………（33）
　二、相关理论、方法和技术 ………………………………………………………（33）

三、实习内容和步骤 …………………………………………………………………（40）
　　四、实习要求和作业 …………………………………………………………………（40）
　　五、思考题 ……………………………………………………………………………（41）

实习七　岩石热扩散系数测定 ………………………………………………………（42）
　　一、实习目的 …………………………………………………………………………（42）
　　二、相关理论、方法和技术 …………………………………………………………（42）
　　三、实习内容和步骤 …………………………………………………………………（43）
　　四、实习要求和作业 …………………………………………………………………（43）
　　五、思考题 ……………………………………………………………………………（44）

实习八　岩石生热率测定 ……………………………………………………………（45）
　　一、实习目的 …………………………………………………………………………（45）
　　二、相关理论、方法和技术 …………………………………………………………（45）
　　三、实习内容和步骤 …………………………………………………………………（49）
　　四、实习要求和作业 …………………………………………………………………（50）
　　五、思考题 ……………………………………………………………………………（50）

实习九　大地热流值计算 ……………………………………………………………（51）
　　一、实习目的 …………………………………………………………………………（51）
　　二、相关理论、方法和技术 …………………………………………………………（51）
　　三、实习内容和步骤 …………………………………………………………………（53）
　　四、实习要求和作业 …………………………………………………………………（55）
　　五、思考题 ……………………………………………………………………………（55）

实习十　地热流体元素测定 …………………………………………………………（56）
　　一、实习目的 …………………………………………………………………………（56）
　　二、相关理论、方法和技术 …………………………………………………………（56）
　　三、实习内容和步骤 …………………………………………………………………（58）
　　四、思考题 ……………………………………………………………………………（59）

实习十一　地热流体同位素测定 ……………………………………………………（60）
　　一、实习目的 …………………………………………………………………………（60）
　　二、相关理论、方法和技术 …………………………………………………………（60）
　　三、实习内容和步骤 …………………………………………………………………（63）
　　四、思考题 ……………………………………………………………………………（63）

实习十二　单井地热资源评价 ………………………………………………………（64）
　　一、实习目的 …………………………………………………………………………（64）
　　二、相关理论、方法和技术 …………………………………………………………（64）
　　三、实习内容和步骤 …………………………………………………………………（67）
　　四、实习要求和作业 …………………………………………………………………（68）
　　五、思考题 ……………………………………………………………………………（68）

参考文献 ………………………………………………………………………………（69）

实习一　全球地热资源前景分析与评价

一、实习目的

了解全球地热资源分布的地质格局、地热资源量状况、地热资源勘探前景以及新能源研究对策等,在"地热资源勘查与评价"课程学习的基础上进一步深入掌握地热资源勘查与评价的理论和方法。

二、实习内容和方法

20世纪以来,人类对煤炭、石油、天然气等传统化石燃料的大规模开发和利用,一方面创造了人类历史上空前繁荣的物质文明,另一方面也造成了大量的资源浪费、环境污染和温室气体的排放。当前,作为常规能源,化石燃料的储量正在一天天减少,而空气污染、全球变暖、臭氧空洞等环境问题也日益严重。开发新能源,研究新的节能技术,走可持续发展道路已成为社会各界的共识。

近年来,环境污染和能源危机成为整个世界关注的焦点,寻找可再生能源成为解决人类现阶段能源问题和环境问题最根本的方法。作为新能源大家族中的一员,储存在地球内部的可再生能源——地热能的开发和利用显示出其独特的竞争力。特别值得关注的是,中国是地热资源大国,大力推进地热能开发利用,是减少二氧化碳排放,应对全球气候变化的必然选择。

(一)全球地热资源分布与地质格局

从全球地热资源分布来说,高温地热资源基本沿大地构造板块边缘的狭窄地带展布,延伸可达几千千米,形成了著名的环球地热带。环球地热带出露位置与地震活动带及活火山带相互重叠,其热源与板块的扩张或消亡有直接关系,形成的热流值明显高于板内地区,其中又以东太平洋洋中脊和印度洋洋中脊地区最为显著。

根据板块界面的力学性质及其地理分布,可把全球划分为环太平洋地热带、大西洋中脊地热带、红海-亚丁湾-东非裂谷地热带以及地中海-喜马拉雅地热带4个大的高温地热带(图1-1)。

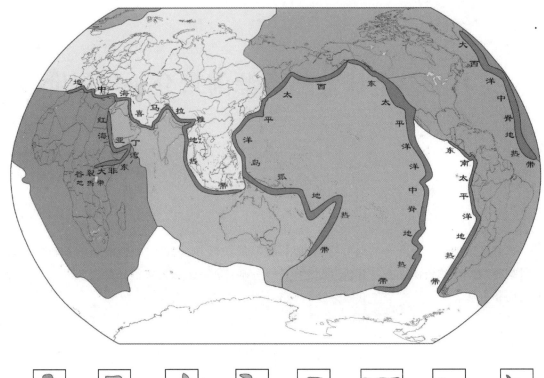

非洲板块　　印度洋板块　　太平洋板块　　美洲板块　　欧亚板块　　南极洲板块　　洲际边界　　地热带

图 1-1　环球地热带分布示意图（改编自然资源部 2016 版全球地图）

1. 环太平洋地热带

环太平洋地热带位于欧亚、印度洋和美洲三大板块与太平洋板块的边界，以显著的高热流、年轻的造山运动和活火山活动为特征，主要分为东太平洋洋中脊地热带、西太平洋岛弧地热带和东南太平洋地热带。它的分布范围包括阿留申群岛、堪察加半岛、千岛群岛、日本、中国台湾省、菲律宾、印度尼西亚、新西兰、智利、墨西哥以及美国西部。目前，世界上已经开发利用的高温地热田多集中于此，热储温度一般在 250~300℃。

2. 大西洋中脊地热带

大西洋中脊地热带沿美洲、欧亚、非洲等板块边界展布，以高热流、强烈地热活动、活火山作用、现代断裂活动以及频繁的地震活动等为特征。沿大西洋中脊分布着许多地热资源丰富的火山岛，如冰岛、亚速尔群岛、阿森松岛等，热储温度多在 200℃ 以上。

3. 红海-亚丁湾-东非裂谷地热带

红海-亚丁湾-东非裂谷地热带是沿洋中脊扩张带及大陆裂谷带展布的地热带，以高热流、现代火山作用以及断裂活动为特征。该地热带主要分布在阿拉伯板块与非洲板块的边界,分布范围自亚丁湾向北至红海,向南与东非大裂谷连接,热储温度均在200℃以上。

4. 地中海-喜马拉雅地热带

地中海-喜马拉雅地热带是地球内部热活动在陆地表面的主要活动显示带,分布范围与地中海-喜马拉雅地震带基本一致,西起意大利,东至中国云南省西部,以年轻造山运动、现代火山作用、岩浆侵入以及高热流等为特征。中国的羊八井、羊易、腾冲等地热田均分布于此地热带上,热储温度一般在150～200℃。

(二)全球地热资源开发与利用现状

地球的体积为$1.08×10^{12}$ km^3,其中温度超过1000℃的部分占地球体积的99%,低于100℃的部分只占地球体积的0.1%,所含热量惊人。对地球所含热量进行粗略推算,假定地球内部平均温度为2000℃,质量为$6×10^{24}$ kg,平均比热容为1.05kJ/(kg·℃),起算基准温度为15℃,则地球全部地热资源基数为$1.25×10^{28}$ kJ,折合$3×10^{20}$ t油当量,理论上可供全世界人使用上百亿年。

目前,地热最大可采深度为5km,此范围内的可采地热资源基数为$1.4×10^{23}$ kJ,折合$3.4×10^{15}$ t油当量,相当于地球全部煤炭、石油、天然气资源量的几百倍。全球可采地热资源基数在区域上分布比较平均,从低纬度地区到高纬度地区,从平原地区到山地地区的各大洲国家(地区)都可发现地热资源的存在。

全球可采地热资源基数为$6×10^{20}$ kJ,根据地热技术发展趋势,40～50年内经济可采资源量为$5×10^{18}$ kJ,10～20年内经济可采储量为$5×10^{17}$ kJ,折合$1.19×10^{10}$ t油当量。据国际地热协会(IGA)估计,全球低温地热资源潜力为$14×10^{17}$ kJ,高温地热资源潜力则少得多,为$0.81×10^{17}$ kJ,仅折合$0.19×10^{10}$ t油当量。

由此可见,全球地热资源基数惊人,但受经济成本限制,可采储量并不算大。目前全球地热能的开发与利用主要包括地热发电和热能直接利用,其中热能直接利用应用最为广泛,包括地热供暖、洗浴、养殖以及地源热泵供热、制冷等。

1. 地热发电

根据地热田的类型,地热发电的方式有多种。地温较高的地热田采用直接蒸汽发电,比较著名的有美国盖瑟斯地热电站、中国羊八井地热电站。温度相对较低的中温热水型地热田采用减压扩容(闪蒸)发电或者低沸点物质(中间介质)发电,以色列和美国在该方面具有较强的技术优势。

2. 热能直接利用

供暖是人们日常生活中极为重要的一部分,特别是在温带以及寒带地区,地热作为一种有效、经济、环保的供暖方式,正在被大力发展、推广。首先,地热供暖供热量较为稳定,供热面积大,单井供暖面积在$2×10^5$ m^2左右;其次,地热供暖的初始费用与运营费用要远低于集中供暖和燃气锅炉供暖,初始费用在100元/m^2,运营费用在12元/m^2;最后,地热供暖可以有效地减少CO_2的排放,降低雾霾污染,符合我国"双碳"目标。

地热洗浴以温泉会所、温泉旅游为主,温泉带来的商业价值相对较高。特别是在物质资源丰富的今天,人们越来越关注健康养生,地热洗浴将会有很好的发展前景。另外,地热洗浴也有较好的医疗价值,在治疗高血压、关节炎等方面有着良好的疗效,经常接触地热水也能够减小患皮肤病的概率。

地热养殖主要分为温室种植和地热水产养殖,它能增加农产品和水产品产量,形成经济、环保、循环的能效利用。利用地热能进行温室育苗以及温水灌溉是地热资源开发利用的一个方向,在冬春鲜菜供应,调节淡季蔬菜品种,培育苗木、花卉和优良作物品种等方面是一种重要手段和有效措施。地热水产养殖有生产性养殖与高密度水产养殖两种方式。生产性养殖一般采用地热塑料大棚,以鱼苗养殖越冬为最多;地热水高密度养鱼,技术含量高,投资大,但产量也高,是传统户外鱼池的几十倍。

近几十年来,地源热泵供热、制冷技术一直停滞不前,主要原因是人力、物力的投入较少以及政府的政策支撑不够。另外,地热能的发展要充分考虑与其他产业进行结合,让各个产业相互促进,共同发展。比如,在房地产产业中,地热能的应用不仅可以为新建房屋提供最优质的能源,而且能够满足现代社会节能减排的需求,还可以为房地产产业的前端销售和推广起到积极的促进作用。

(三)全球地热资源勘查前景

全球各国非常重视地热资源的勘查开发利用,美国、日本、冰岛、新西兰均完成全国范围内大比例尺的基础地质调查工作,并对地热资源进行了系统评价,编制了地热资源系列图件,在地热资源商业性勘查方面更是取得了显著成绩。

美国是世界上利用地热资源程度最高的国家,其中地热发电、低温地热资源直接利用常年位于世界前列。地热能作为美国未来发展的关键能源,政府在地热研发领域投入较多科研经费,用以查明地热资源发电能力以及评价地热资源。此外,美国政府在支撑地热产业发展方面,积极打破体制屏障、行业和地区限制,实现地热资源共享,建立国家地热数据中心,设立地热教育奖学金等,促进地热人才培养。

日本位于环太平洋地热带的中东部,独特的地理位置使其具有丰富的中高温地热资源。为推动日本的地热发电产业,日本政府积极出台相关扶持政策。日本政府为了减轻地下探查、钻井开发企业的负担,设立了补助金制度,对企业在国内进行地热地质调查、地球物理勘查、地球化学勘查以及与钻井有关调查等活动提供经费补助。另外,在环境保护的基础上,日本政府对区域进行分级评价,在规模小兼顾环境因素并获得居民同意的前提下,可允许进行地热开发,放宽了地热开发的限制。

冰岛位于美洲板块和欧亚板块的边界地带,活跃的地壳运动造就了其丰富的地热资源,它也是全世界地热能人均直接利用率第一的国家。冰岛地热资源从勘探到开发利用均由国家统一进行管理,主要由国家能源局、国家地质调查局以及能源公司管理。国家能源局向政府提供能源等相关问题的咨询与建议,并负责地热资源勘探开发政策的制定。国家地质调查局基于最新的法律条例,为电力行业、政府以及有关地热研发和利用的外资公司提供资源技术服务。能源公司负责全国水力和地热资源勘查、开发、生产与经营。

新西兰位于环太平洋地热带的西南角，拥有丰富的地热资源，是世界上地热资源利用占能源生产比例最高的国家之一。早在20世纪80年代以前，利用钻井、试井、资源评价、工程开发、设备供应和环境监测等勘查技术方法和服务手段，新西兰的所有高温地热资源就已经被确认了。现如今新西兰在地热开发方面也做得很不错，很多建筑物均直接与地热水循环系统连接。

（四）中国地热资源勘查前景

中国地热资源勘查研究程度较低，地热勘查评价明显滞后于开发利用，导致重开发轻勘查、不合理开发、环境破坏、资源浪费现象频发，从而影响了地热资源勘查规划的厘定、地热资源开发方案的制订以及地热产业的发展。未来我国要在地质调查工作的基础上，加大地热资源勘查力度，对浅层、水热型以及干热岩等地热资源类型的勘查研究是今后地热资源勘查的重点。

浅层地热资源是赋存在地下200m以上，温度略高于当地平均气温3~5℃的一种可再生能源。浅层地热能具有分布范围广、储量丰富、稳定性好、持续性较高以及清洁环保等特点，是建筑物供暖、制冷的重要选择。我国浅层地热资源开发利用年均增长率为28%，随着城镇化进程的发展，浅层地热资源利用空间还会进一步扩大，未来中小城镇可能是浅层地热资源利用的主要市场。因此，进行农村、城市以及特殊地区浅层地热能勘查评价与利用模式研究是未来浅层地热资源勘查亟需开展的工作和任务。

水热型地热资源是赋存在地下200~3000m多孔性或裂隙较多的岩层中，可吸收地热并储集的热水及蒸汽的一种经济型替代能源，是地热研究的主要对象。我国水热型地热资源从以往的以单一、粗放利用为主逐步转变为以持续、梯级利用为主。另外，水热型地热资源地球物理勘查与解译技术也逐步向高精度、定量化、3D化方向发展。未来水热型地热资源要加强基础地质条件、热源机理与控热构造、探测技术以及开发利用技术等方面的研究。

中国干热岩勘查开发利用工作起步较晚，20世纪90年代初仅有少数科研单位参与了部分干热岩国际合作研究。进入21世纪，受能源资源紧缺和可持续发展战略影响，干热岩被认为是化石能源的替代能源之一，其勘查开发成为热点。目前，我国已初步评估了陆区干热岩资源，圈定了12处有利靶区，实施开发实验，并追踪国际技术。下一步，应围绕有利靶区，开展干热岩开发试验工作，建设干热岩示范项目，在水—岩—气—热作用机制、资源靶区定位技术、储层改造技术、示踪监控技术以及高温钻探相关技术等方面实现突破。

（五）中国新能源革命和地热能研究对策

众所周知，传统化石能源因其在国家经济发展中的重要地位及不可再生的资源特性，具有较强的地缘政治和经济战略意义。近年来，非常规油气革命推动了美国"能源独立"战略的实施，并正在改变全球传统化石能源的格局，进而深刻影响着全球政治与经济的发展。但是，传统化石能源的不断消耗及其产生废气排放量的不断增多，导致全球能源、气候以及环境问题逐渐成为国际性重大问题。随着世界能源发展步入新的历史时期，能源的清洁低碳是未来的发展趋势。因此,发展新能源是实现低碳发展的关键,新能源的开发利用已经成为全球能源增长的新动力。据国际能源署(IEA)的统计,2021年全球核能、水电、风能、太阳能以及地热能等新能源在一次能源消费结构中占比为16.9%。随着技术的进步,新能源开发利用成本不断降低,与传统化石能源相比已具有较强的竞争力。

中国地热资源总储量巨大、分布广泛,基本不受地理位置的限制,是一种低碳环保、适用性强、稳定性好的可再生能源。中国地热能开发利用在顺应全球能源结构调整、环境污染治理、清洁能源供暖等方面将发挥至关重要的作用。随着地热勘查逐步走向精细化,地热开发逐步走向集约化,地热利用逐步走向综合化,中国面临的挑战也是巨大的,具体集中体现在建立高精度的三维地质模型提高资源探测精度,建立采灌均衡条件下的评价技术体系提高资源评价的可信度,攻关地热高效换热和安全利用技术以及装备提高地热利用效率等方面。除此之外,水热型地热探测深度逐步加大,探测手段也呈综合化发展趋势。另外,国际上对干热岩型地热储层建造与采热发电也在不断进行尝试,而国内干热岩现已初步探获高温岩体,相关后续示范基地建设方案也在加紧谋划。国家政策的支持与报道也不断更新,随着《中国地热能发展报告(2018)》《中国地热能产业发展报告(2021)》《2030年碳达峰行动方案》等政策性文件的编写和发布,中国地热勘查开发逐步进入了规范发展的时期,地热发展的"春天"来了。

三、实习要求与作业

完成读书报告一份。

(1)按地热带选题:在全球地热带内选择一个典型地区,调查研究其地质特征、地热资源量特征以及地热勘探开发现状等。

(2)按地热资源类型选题:根据自己的研究兴趣,选取浅层地热资源、水热型地热资源以及干热岩地热资源中的一种类型,调查研究该类型在国内典型地区的地质特征、地热资源量特征以及地热勘探开发现状等。

实习二 地热地质调查研究思路及方法

一、实习目的

地热地质调查研究是地热资源勘查最基础的工作。针对地热研究区的地层、构造、岩浆（火山）活动及地热显示等特点，确定热储、盖层、控热构造及热储类型是地热地质调查研究的重点。通过本次实习，明确地热地质调查中地热异常区的表现形式，了解识别各类地热异常区的基本方法和技术手段，分析地热异常区形成的地质背景，探讨地热异常区的形成机理。

二、相关理论、方法和技术

地热地质调查研究着重于弄清地热异常区地质背景条件，重点关注地热显示及特征，尤其是地层起伏、岩浆活动以及断裂构造对地热异常区的影响。地热异常是地热在地表的具体显示，是寻找地热资源的重要线索。冒气地面、温泉、热泉、沸泉、气泉、喷气孔以及泉华等是地热异常的重要表现，也是判定地热异常区和圈定地热富集区的重要依据。在地热异常调查过程中，地热异常区所处的地质构造部位、地层岩性、水温、流量、水化学以及赋水介质等特征是分析地热异常成因的重要基础资料。地热异常本质上是地壳深部热流上移对地表作用所形成的异常现象，按其表现形式可划分为物理异常，化学异常，地温异常，地震、岩浆及火山活动异常等。

1. 物理异常

地热物理异常与热流分布规律有关。通过重力、磁力、电（磁）法以及地震等物理勘查技术方法，利用热流分布的物理异常区来圈定地热异常区。重力高异常区为高热流值区，低异常区为低热流值区；磁力低异常区为高热流值区，高异常区为低热流值区；电阻率低异常区为高热流值区，高异常区为低热流值区；人工地震反射速度的变化，可以反映岩石孔隙率的变化，从而预示构造破碎带、储水层位置等。在地热异常物理技术方法的选取上，以重力、磁力、电（磁）法等常规手段为主，由于地震以及遥感方法勘探成本较高，解决大中型城市地热勘查中震源和成像问题较为困难，因此应用较少。

2. 化学异常

地热化学异常与地热流体中同温度有密切关系的微量元素有关。在高温地热田和低温地热田中，As、Sb、Bi、B、Sb、Hg、Rn、Li、Cs、Be、Sn、Pb、Zn、Mn 等土壤的微量元素会出现不同含量的异常，指示着地热流体的异常。Hg、As、Sb、Bi 等浅海相微量元素指标可以指示地热化学异常，高温热田土壤中的 Li、Rb、Cs 等微量元素可以作为圈定地热范围的指标，放射性元素 Rn、Th、V 等同位素也是地热异常的主要标志。地热化学异常的大多数元素呈面型低缓异常或高背景，浓度分带一般不明显，但在分布上与断裂构造吻合度较高，煤系地层、火山岩分布区也是明显的地热异常区。

3. 地温异常

地热地温异常是地热源的直接显示和标志，是寻找地热源、圈定地热异常的重要依据。在地热勘查过程中，地温测量是一种必不可少的研究方法，它可以查明地温场的空间分布状况，确定地热流体的埋藏和分布，圈定地热异常范围。地温测量主要包括地面和浅层温度测量（<6m）、地温梯度测量（15~100m）、大地热流测量（>100m）。通过地温梯度及大地热流测量并结合浅层地下水、地表水及地面喷气孔等温度的测量，可以获得地热异常区散热量。地温测量在评价地热异常区的热平衡中有着重要的意义。

地面和浅层温度测量受环境气温影响较为明显。在测量时，应选取受环境气温影响较小的温泉点、河流以及民用井等进行水温测试，并以此为基础划定地温背景值。为了避免环境气温对浅层地温测试的影响，工程上常采取白天布设并施工探孔，统一在夜间或早晨进行逐一孔点地温测试的方式。研究区地温测试基准点选取每条测线的起测点，在每一剖面测试结束后均返回第一起测点测量孔内地温，测试时保持深度一致，记录时间、环境气温和孔内地温，以获取该剖面各测点地温校正值。将各测点地温校正值与地温背景值进行比对分析，得出每条测线的地温异常点位置，并结合地质背景分析地热异常成因。

地温梯度是指在恒温带以下，每增加 100m 深度地温的变化情况，具体计算公式为

$$G = \frac{t_h - t_0}{h} \times 100 \tag{2-1}$$

式中：G 为地温梯度（℃/100m）；t_h 为 h 处的温度（℃）；t_0 为地表恒温带的温度（℃）；h 为测温点与恒温带深度之差（m）。

地温测量和校正主要利用钻孔测温，并结合测井资料进行分析验证。研究区域的地质构造、地壳深部结构、岩浆作用以及构造活动性等都会对地温梯度的变化产生较大影响。

大地热流是指单位时间内通过地球表面单位面积的热流值，该值主要取决于岩石的热导率和地温梯度，具体计算公式为

$$Q = K \times G \tag{2-2}$$

式中：Q 为大地热流（mW/m²）；G 为地温梯度（℃/100m）；K 为岩石热导率 [W/(m·℃)] 或 [W/(m·K)]，表示沿热传导方向，在单位厚度岩石两侧的温度差为 1℃时，单位时间内所通过的比热流量。

理想中的岩石热导率测量是在岩石所在位置进行测量,但是在原地测量热导率有许多客观因素的限制,往往难以进行。现在大部分的热导率测量都在实验室中进行,具有操作简单、准确度较高的特点。影响岩石热导率的因素可系统归纳为岩石组构、温度、压力3个方面。岩石组构从岩石的组分和构型两个方面影响岩石热导率,是影响热导率的首要因素;在温度和压力方面,一般情况下,岩石热导率随着温度升高而降低,随着压力增大而增大(图2-1)。

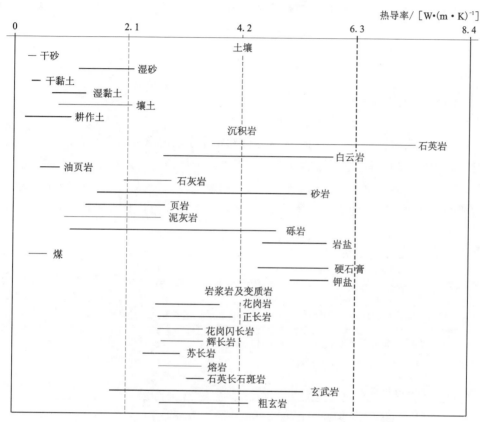

图 2-1 常见岩石热导率分布

4. 地震、岩浆及火山活动异常

依据地热带在板块中所处的位置,全球地热带可分为板缘地热带和板内地热带两大类。板缘地热带主要发育高温地热田,热源来自岩浆侵入以及火山喷发活动。板缘地热带主要发育在环太平洋地热带、地中海-喜马拉雅地热带、红海-亚丁湾-东非裂谷地热带和大西洋中脊地热带4个大带中。其中,环太平洋地热带又可分为东太平洋洋中脊地热带、西太平洋岛弧地热带、东南太平洋地热带3个亚带。板内地热带主要发育中低温地热田,热源主要为在正常地温梯度下,地下水深循环所获得的地壳内部热量。另外,中新世至第四纪的地震活动、岩浆侵入以及火山喷发是板内高温地热区热源形成的主要条件。板内地热带主要发育在板块内部褶皱山系和山间盆地等构成的地壳隆起区,以中新生代沉积盆地为主的沉降区内也广泛发育中低温地热带。

与地热异常关系密切的地震、岩浆及火山活动往往发生在深大断裂或主干断裂处。地下热流体的生成与迁移受构造体系的约束,断裂带内断层持续滑移、断面错动和摩擦生热会形成局部热源并加热沿断裂带分布的地下热流体。另外,断裂带为主要热储与热流体之间的通道,地下水经深部循环加热,沿深断裂带上涌至地表或浅部,形成地热显示和地热异常,在地表多出露温泉。在地壳隆起区沿构造断裂带展布的呈带状分布的温泉密集带规模主要受构造断裂带的延伸长度和宽度控制,一般数千米至几十千米不等,大者可达数百千米。地下热流体的活动对断裂也能起到弱化作用,进而影响断裂的活动性质及应力状态,影响地震、岩浆及火山活动的孕育和发生。

三、实习内容和步骤

(1)认真复习教材中有关判别地热异常方法和技术手段的章节与参考文献。

(2)阅读所提供的材料,掌握地热物理异常识别和分析的方法技术,完成实习作业。

开展实习之前,需了解工区不同围岩的电性参数(表2-1)。从表2-1可以看出,随着围岩破碎、软弱的增强以及岩溶和富水岩体的发育,在电法上表现为较低的电阻率值。

表2-1 不同围岩级别电阻率值

围岩级别划分	电阻率值/(Ω·m)
断层破碎带及影响带	100～2000
较完整岩体	≥2000
较破碎或岩溶弱发育岩体	560～2000
破碎、软弱、岩溶中等发育或富水岩体	150～560
极破碎、软弱、岩溶强烈发育或富水岩体	≤150

资料来源:《松潘甘孜地区地热资源的地球物理勘探研究》(武斌,2013)。

基于上述围岩电阻率的分析,指出图2-2a中A、B、C哪处为地热异常点,并结合图2-2b中的地质解译,分析造成该区域地热异常的原因是什么。

(3)阅读表2-2所提供的材料,掌握地热化学异常识别和分析的方法技术,完成实习作业。

对实习工区内5个地热田中表层和深层土壤中As、B、Be、Bi、Hg、Sb含量的最小值、最大值、平均值等地球化学特征值进行统计,分别指出各地热田表层和深层土壤元素地球化学指标,探讨哪个指标对地热田地热化学异常响应最为强烈。

(4)阅读表2-3所提供的材料,掌握地热地温场异常识别和分析的方法技术,完成实习作业。

某研究工区进行浅层地温测量工作,在1.8m深度土层打探孔,并记录测点所对应的测试时间和环境气温,具体如表2-3所列。其中,测线起测点为12号点,终测点为26号点,点距10m。

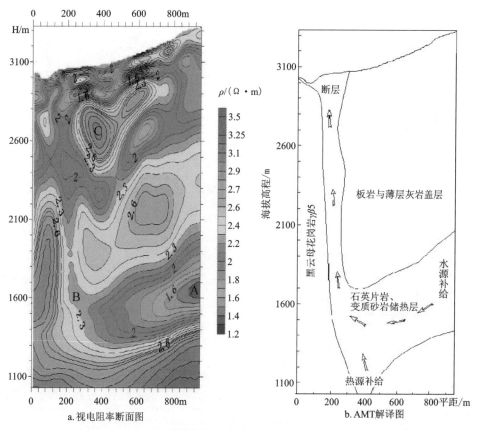

图 2-2 某工区测线视电阻率断面图(a)及 AMT 解译图(b)

表 2-2 某地区地热田土壤元素地球化学特征值　　　　　　　　　　　单位：×10⁻⁶

地热田	位置	特征值	As	B	Be	Bi	Hg	Sb
周良庄地热田	表层	最小值	7.20	34.20	2.13	0.29	0.02	0.56
		最大值	11.50	63.00	2.88	0.44	0.08	0.92
		平均值	9.66	49.38	2.67	0.38	0.03	0.75
	深层	最小值	6.80	38.70	2.37	0.32	0.01	0.58
		最大值	11.20	55.50	2.83	0.42	0.03	0.83
		平均值	9.13	48.23	2.63	0.38	0.02	0.67
潘庄-芦台地热田	表层	最小值	4.80	32.00	1.90	0.23	0.01	0.40
		最大值	15.90	93.80	3.11	1.47	0.38	1.66
		平均值	9.31	52.73	2.63	0.39	0.04	0.73
	深层	最小值	5.50	27.90	1.87	0.20	0.01	0.43
		最大值	15.20	67.40	3.09	0.49	0.09	1.01
		平均值	9.30	49.81	2.54	0.38	0.02	0.69

续表 2-2

地热田	位置	特征值	As	B	Be	Bi	Hg	Sb
山岭子地热田	表层	最小值	6.90	35.30	2.29	0.30	0.02	0.54
		最大值	14.70	87.00	3.21	0.85	0.54	3.71
		平均值	10.22	59.40	2.66	0.46	0.12	0.95
	深层	最小值	7.90	46.50	2.34	0.36	0.01	0.61
		最大值	17.40	71.10	2.76	0.57	0.04	1.22
		平均值	12.44	57.20	2.55	0.46	0.02	0.89
王兰庄地热田	表层	最小值	7.45	29.10	1.86	0.21	0.01	0.55
		最大值	24.50	92.00	3.26	1.54	2.41	3.81
		平均值	12.34	53.76	2.49	0.43	0.13	1.14
	深层	最小值	7.50	32.80	1.71	0.21	0.01	0.56
		最大值	30.50	72.60	2.95	0.54	0.42	1.98
		平均值	13.81	49.97	2.45	0.39	0.03	1.11
万家码头地热田	表层	最小值	5.50	33.80	1.97	0.23	0.01	0.43
		最大值	14.90	80.30	2.92	0.50	0.61	1.41
		平均值	10.50	57.56	2.39	0.37	0.07	0.89
	深层	最小值	6.70	40.30	1.92	0.23	0.01	0.52
		最大值	16.20	73.10	2.79	0.46	0.03	1.16
		平均值	11.48	52.00	2.30	0.34	0.02	0.79
天津市环境背景值			10.00	50.70	2.41	0.36	0.04	0.81
天津市基准值			10.60	48.40	2.42	0.36	0.02	0.72

资料来源：《土壤元素地球化学异常对天津地区地热田异常的指示》（王卫星等，2015）。表中缺少天津市土壤中微量元素背景值和基准值描述。

表 2-3 某地热田浅层测线地温实测值

测点号	测试时间	实测/℃	修正后/℃
12	7:34	27.48	27.48
13	7:41	27.53	27.50
14	7:47	27.66	27.60
15	7:54	27.66	27.57
16	8:02	27.61	27.48
17	8:09	26.55	26.39
18	8:17	27.39	27.20

续表 2-3

测点号	测试时间	实测/℃	修正后/℃
19	8:25	27.97	27.75
20	8:33	28.39	28.14
21	8:41	27.83	27.55
22	8:48	29.67	29.36
23	8:56	29.85	29.50
24	9:04	29.98	29.60
25	9:13	30.11	29.70
26	9:21	29.97	29.53

资料来源：《综合物探在地热勘查中的应用》(贾智鹏等，2004)。

该测线的浅层地温测试范围值为 26.39～29.70℃，地温背景值为 25.5℃，环境气温 27.24℃，点距 10m。根据表 2-3 的数据，在下面的坐标系统中作图(图 2-3)，并标示地温异常所属点号。

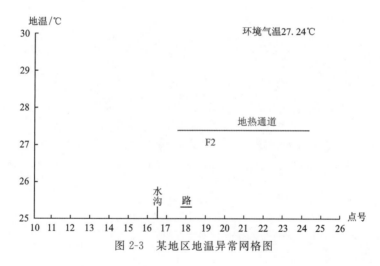

图 2-3 某地区地温异常网格图

四、实习要求和作业

(1)对比表 2-2 中土壤元素与背景值的差别，分别指出周良庄、潘庄-芦台、山岭子、王兰庄、万家码头等 5 个地热田土壤元素地球化学异常位置，探讨各个地热田地热化学异常响应的强烈大小。

(2)根据表 2-3 内容作测点-温度关系图，指明研究区地表地温场异常的测点号及位置。

(3)查阅相关文献，探讨地震、岩浆及火山活动对地热异常的影响，并撰写一篇读书报告。

五、思考题

(1)在地热物理异常识别手段中,精确度较高的是哪种?精确度较低的是哪种?分述各种手段的优缺点。

(2)如何利用地热田土壤元素进行地热田范围的厘定?

(3)我国东西部地温场特征的差异性及影响因素是什么?

实习三　地热地球物理勘查研究思路与分析

一、实习目的

地热地球物理勘查是地热资源勘查中有力的辅助手段，应用十分普遍。通常采用的方法包括重力、磁法、电（磁）法、人工地震、微动测深以及测井等。通过本次实习，掌握地热地球物理勘查的基本方法，分析不同地质构造背景下地热田物性特征。

二、相关理论、方法和技术

地热地球物理勘查宜在地热资源可（预可）行性勘查阶段进行，勘查范围应等于或略大于地热地质调查的范围。地热地球物理勘查的内容有圈定地热异常范围、热储空间分布和地热田边界，圈定隐伏岩浆岩及其蚀变带，确定基底起伏及隐伏断裂的空间展布，确定地热田勘查区的地层结构、热储层的埋藏深度和地热流体的可能富集（区）带等。地球物理勘查的方法除常规使用的重力、磁法、电（磁）法以外，还可以选择分辨率较高或探测深度较大的人工地震、微动测深以及测井法等。

1. 重力勘探

重力勘探主要是利用岩石密度的不同来判定地质异常体的一种地球物理勘查方法，所研究的对象是地球表面的重力场分布。重力勘探操作相对简单，野外实施较为方便。重力仪器为高精度仪器，对仪器的保护性要求严格，具体操作起来要十分小心。重力勘探资料处理比较繁琐，特别是高精度（总误差小于 $0.2\times10^{-5}\,\mathrm{m/s^2}$）、大比例尺的重力勘探资料处理更为复杂。完整的重力勘探要经历仪器调节与测试、重力基点建立、重力测点观测以及重力实测资料校正等过程。

重力仪器调节及测试分为静态试验和动态试验。静态试验和动态试验均需要在仪器设备投入工作之前完成。静态试验的观测时间为 24h，对观测点循环观测，采样间隔 55s，观测点达到稳定无振动干扰，则显示仪器性能正常，静态曲线满足工作要求。动态试验的观测时间为 10h 以上，观测点之间重力差值在 $3\times10^{-5}\,\mathrm{m/s^2}$ 以上，观测点之间的观测时间不超过 20min，动态观测均方误差小于设计测点重力观测均方误差的 1/2，则动态曲线满足工作要求。

重力基点建立是重力测量的基础。在工区内满足交通方便、基底较稳定、周围无震源、重力水平梯度变化小以及地势开阔等条件的地方选择一个基点，作为重力值起算点。然后，标定其 GPS 坐标，并用红油漆标注重力基点和编号。

重力测点观测分为普通点观测和检查点观测。普通点观测均起闭于重力基点，观测时间不超过 4h。其中，基点读 3 次数，普通点读 2 次数，每次读数时间为 55s。普通点之间的读数差应小于 $0.010\times10^{-5}\,\mathrm{m/s^2}$，读数的平均值作为测点重力值读数。检查点观测为"基点—检查点—基点"的模式，须在不同的工作单元进行，且检查点时空分布应较为均匀。

重力实测资料校正可分为纬度校正、高度校正、中间层校正以及布格校正四大校正。

进行较大区域重力观测时，必须考虑由测点纬度不同而引起的重力规律性变化(图 3-1)。这种变化与地质构造因素完全无关，只是由地球呈椭球状和地球自转引起，所以在重力观测中要进行纬度校正。

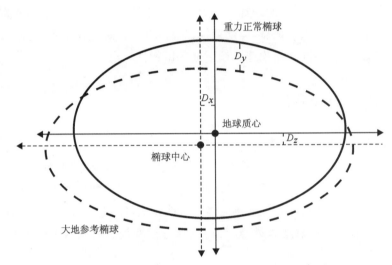

图 3-1 大地参考椭球与重力正常椭球差异示意图

不同纬度重力差计算公式为

$$\Delta g = \frac{\partial g_0}{\partial \varphi} = 5.17\times 10^3 \sin 2\varphi \Delta\varphi = -0.812 \cdot \sin 2 \cdot D \tag{3-1}$$

式中：Δg 为研究区不同纬度重力差(mGal)；g_0 为研究区国际正常重力值(mGal)；φ 为研究区纬度值；D 为测点与总基点之间的纬向距离(km)；对于北半球而言，测点在总基点以南，校正值为正，反之为负。

我们知道即使地表是平的，仅因高度变化，重力值也会随之变化。为了消除高度变化对重力测量的影响，就必须进行高度校正。

不同高度重力差计算公式为

$$\Delta g = \frac{\mathrm{d}g}{\mathrm{d}R}h = -0.308h \tag{3-2}$$

式中：Δg 为研究区不同高度重力差(mGal)；g 为重力加速度，取值为 9.8×10^5 (mGal)；R 为地面上某点到地心的距离，一般取值为 6.37×10^6 (m)；h 为研究区不同位置高度的变化(m)，当测点高于基点时($h>0$),校正值为正,反之则为负。

当地形起伏不大时,图 3-2 中 B 的影响可忽略不计,而 A 的影响和一个厚度为 h(测点与基点的高差)沿水平方向无限大的水平层的影响相似,这种因高差而产生的重力测量校正便叫作中间层校正。

图 3-2 水平层校正示意图

重力测量中间层校正计算公式为

$$\Delta g = -0.042\sigma h \tag{3-3}$$

式中:Δg 为研究区中间层重力校正值(mGal);σ 为表面岩石(或覆土)的密度(g/cm³);h 为测点与基点的高度差(m)。

由于高度校正和中间层校正均与高程有关,通常将两者合在一起称为布格校正(Bouguer correction)。

布格校正计算公式为

$$\Delta g_{布} = (0.308 - 0.042\sigma)h \tag{3-4}$$

式中:$\Delta g_{布}$ 为研究区布格校正值(mGal);σ 为表面岩石(或覆土)的密度(g/cm³);h 为测点与基点的高度差(m)。

在经过完整的重力勘探之后,地热勘查区会表现出重力异常。通常情况下,以蒸汽热储为主的地热区通常呈现重力负异常。不过,有些地热区也会出现重力正异常,这往往是因为岩石中的热变质作用使岩石密度增大,高于周围环境岩石密度。例如:美国帝王谷的所有地热区均表现为重力正异常,而美国 Geysers-Clear lake 等其他地热区域,重力异常却为负值。

因此,在地热勘查方面,不能单独利用重力异常来判断研究区是否为地热区。重力勘探的作用更多地在于查找基底坳陷和隆起部位,圈定断层、断裂带、断块构造等,以此寻找地热流体,缩小地热田勘查靶区。

2. 磁法勘探

磁法勘探以介质磁性差异为基础,研究地磁场变化规律。不同磁化强度的岩(矿)石会造成所在区域磁异常,根据磁异常的分布特征和分布规律及其与地质体之间的关系,可以作出相应的地质解释。磁法勘探方法简单,野外测量实施方便,但磁测资料特别是高精度、大比例尺的磁测资料处理较为繁琐。完整的磁法勘探要经历仪器性能试验、磁力基点建立、磁力测点观测以及磁力实测资料校正等过程。

磁法勘探前必须对磁力仪进行校验。在工区附近对磁力仪的噪声水平、探头高度以及一致性进行测试工作。磁力基点(日变站)应建立在磁场平稳、无磁性干扰的区域附近,磁力基点需连续昼夜观测,并选取早上磁场值相对平稳段的平均值作为基点值。磁力测点观测应按"校正点—测点—校正点"的顺序进行,每个测点取两个合格读数,其差值不超过±2nT。

磁力实测资料校正可分为日变校正、正常场校正以及高度校正三大校正。

航磁测量范围较大，主要误差是由日变而产生的。对日变站磁场的观测时间应早于工作开始时间，晚于工作结束时间，日变观测取样间隔30s。

日变校正计算公式为

$$T_日 = (T - T_2) - T_1 \tag{3-5}$$

式中：$T_日$为日变校正后的磁场值（nT）；T为磁场观测点的磁场值（nT）；T_2为日变观测点的磁场值（nT）；T_1为日变站的磁场值（nT）。

正常地磁场水平梯度的校正值，是采用国际地磁场参考场模型所提供的高斯系数，利用球谐函数计算出各测点与总基点的地磁场的差值。

正常场校正计算公式为

$$T_n = -(T - T_{wo}) \tag{3-6}$$

式中：T_n为正常场校正后的磁场值（nT）；T为磁场观测点的磁场值（nT）；T_{wo}为工区附近基本磁场的磁场值（nT）。

为了提高磁测精度，我们常进行高度校正，校正公式为

$$T_h = -\frac{3T_0}{R}\Delta h \tag{3-7}$$

式中：T_h为高度校正后的磁场值（nT）；T_0为工区地磁场值（nT）；R为地球的平均半径（6371km）；Δh为"标准"海拔高程与测线上某一地表的海拔飞行高度的差值（m）。

在经过完整的磁法勘探之后，地热勘查区会表现出磁异常。通常情况下，热储中铁磁性矿物可能会被水热蚀变后失去磁性，在磁法勘探中表现为负的磁异常，因此可以用磁法勘探直接圈定地热异常区。另外，由于火成岩磁化率较沉积岩大得多，岩浆侵入沉积岩地层形成岩浆岩侵入带时，经常能观测到磁异常，而岩浆岩本身就是热源，又是地热形成的控制因素，因此可以利用磁法勘探了解基底起伏，判断地热构造环境。

3. 电（磁）法勘探

电（磁）法勘探是根据地热构造与周围岩体的电阻率差异来观测和研究电（磁）场变化规律的一种广泛使用的地球物理勘查方法。根据场源性质，电（磁）法勘探可分为时间域电（磁）法勘探、频率域电（磁）法勘探以及天然场电（磁）法勘探3种。

时间域电（磁）法勘探主要包括直流对称四极电测深法、三极电测深法、环形电测深法、五极纵轴电测深法和电剖面法等，统称为电阻率测深法。通过电阻率测深法可以进行地层纵向划分，从而确定热储层埋深以及盖层结构。工作原理如图3-3所示。

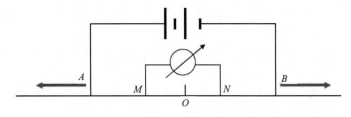

图3-3　电测深装置简图

供电电极(A、B)在测点(O)两侧沿相反方向向外移动,测量电极(M、N)不动(对称四极测深)或与 AB 保持一定比例($MN/AB=c$)(等比例测深)同时移动,从而获得垂向电性变化(视电阻率)。计算公式为

$$\rho_s = k\frac{\Delta U_{MN}}{I} \tag{3-8}$$

$$k = \pi\frac{AM \cdot AN}{MN} \tag{3-9}$$

式中:ρ_s 为观测点的视电阻率(Ω);k 为装置系数;ΔU_{MN} 为测量电极 MN 的电位差(mV);I 为供电电流(mA)。

由于该方法测量装置比较复杂,勘查深度浅,如果要完成大深度地质勘查,就需要布设很长的供电电极,所以该方法只适合于在热储构造埋藏浅或城郊开阔地区工作。

频率域电(磁)法是一种通过改变供电电流频率达到测深效果的方法,主要有频率测深法和可控源音频大地电磁测深法,在地热田勘查中常用的方法为可控源音频大地电(磁)测深法(CSAMT)。CSAMT 是以有限长接地电偶极子为场源,在距偶极中心一定距离处同时观测电、磁场参数的一种电(磁)测深方法。CSAMT 有矢量和标量两种测量模式,在地热田勘查中常采用赤道偶极装置进行标量测量,同时观测与场源平行的电场水平分量(E_x)和与场源正交的磁场水平分量(H_y),利用电场振幅(E_x)和磁场振幅(H_y)计算阻抗电阻率 ρ_s。观测电场相位(E_p)和磁场(H_p),用以计算阻抗相位 φ_s。然后用阻抗电阻率和阻抗相位联合计算可控源电磁测深反演电阻率,最后利用反演电阻率和深度关系曲线进行地质推断解释。

可控源音频大地电磁测深法标量测量方式是用电偶源供电,观测点可位于电偶源中垂线两侧各 15°组成的扇形区域内(图 3-4)。当接收点距发射偶极源足够远时($r>3\delta$),测点处电磁场可近似于平面波。由于电磁波在地下传播时,其能量随传播距离的增加逐渐被吸收,当电磁波振幅减小到地表振幅的 $1/e$ 时,它传播的距离称为趋肤深度(δ),即电磁法理论勘探深度。

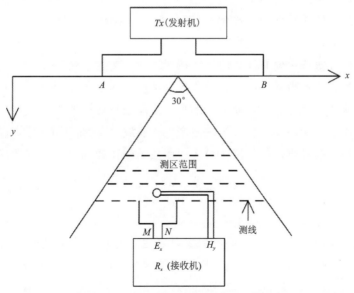

图 3-4 可控源音频大地电磁测深法示意图

实际工作中,探测深度(d)和趋肤深度(δ)存在一定差距,这是因为探测深度是指某种测深方法的体积平均探测深度,其经验公式为

$$d = 356 \times \sqrt{\frac{\rho}{f}} \tag{3-10}$$

式中:d 为探测深度(m);ρ 为勘查点地下平均电阻率(Ω);f 为供电频率(Hz)。

该方法横向、纵向分辨率较高,探测深度较大。另外,该方法的场源是人工场源,比天然场源稳定,在划分地层、确定覆盖层厚度以及区域断裂构造方面具有较好的应用效果。

天然场电(磁)法勘探,即大地电(磁)测深法,是以天然电磁场作为测量信号,来完成地质勘查的方法。该方法具有勘查深度大、垂向分辨率高、测量装置布设简便等优点。测量时按点测量,基本不受场地限制,可以在地形复杂地区布设电极。另外,在城镇人文活动干扰大的地区,可以在夜间进行测量,降低人文活动噪声干扰,提高地质勘查和解释精度。大地电(磁)测深法同样是给出勘查剖面电阻率深度断面图,根据电阻率异常断面图推测地层埋深及断裂构造位置和展布,达到间接预测地下热储构造空间的目的。

该方法一般为单点测量,每个点观测时间较长、价格高、测深点距大,比较适合未知区地质调查,用于快速评价勘查区地质构造。由于测深点距大,如果直接用大地电(磁)测深法资料推测断裂构造及热储构造位置可能会出现偏差,布设地热钻孔较困难。此外由于大地电(磁)测深法是观测天然场信号,信号很弱,抗干扰能力差,在城镇测量易受人文活动干扰,容易产生错误的测量结果,影响地质推测解释的准确性,因此该类方法实际使用不多。

以上成熟的地热地球物理勘查方法普遍应用在地热可行性勘查阶段,另外根据地热田特殊的地质条件和被探测体的物性特征,人工地震、微动测深以及测井等地热地球物理勘查方法也有较为广泛的应用。

4. 人工地震

人工地震是以高温地热岩体对地震的横、纵波具有明显吸收消化为依据,根据各观测点地震波剖面图中地震波波长变短、变窄的显著特征,从而确定地热异常区范围及高温热储埋深与规模大小的一种地热地球物理勘查方法。

人工地震的研究方法主要有反射波法和折射波法。反射波法需要人工震源产生地震波,传入地下的地震波在岩石力学性能变化的边界处被反射回地表,对反射波加以处理可帮助人们认识地下地质构造。该方法在石油勘探中被广泛应用且效果非常好,但应用在地热勘探中却不怎么成功。折射波法同样需要人工震源产生地震波,传入地下的地震波沿地表下岩石的界面折射后返回地表被接收。折射波法对浅层地质结构体的确定十分有效,适用于中低温地热田勘查。

5. 微动测深

微动测深是以平稳随机过程理论为基础,从微动信号中提取面波的频散曲线,通过对其反演获得地下介质的横波速度结构,供地质解释使用的一种方法。微动测深主要有空间自相关法(SAC)和频率-波数法(F-K)。

空间自相关法(SAC)利用特殊矩阵(如圆阵、菱形阵等)接受天然场源的面波数据。在时间域进行窄带滤波处理,并求出不同频率的空间自相关系数 P。从形态上,实测自相关系数 P 所形成的曲线近似于贝塞尔函数曲线,通过对该曲线进行计算得出"校正值",再加上空间坐标参数,提取各个频点的相速度,作出相速度-频散曲线图,进行地质分层。

频率-波数法(F-K)对工作场地要求不高,可采取随机布阵的方法接受多个方向面波的数据。在频率域对面波进行数据提取,通过傅里叶变换对原始数据进行带通滤波,以便去除各种干扰信号,再利用最大似然法求取多个频率成分的功率谱图分布图,从而作出相速度-频散曲线图,进行地质分层。

微动测深可以利用自然界中 1～3s 周期的微动信号,获取 100～6000m 波长的面波信号,测深范围可达 50～3000m,是一种适合城市地热勘查的有效物探方法。

6. 测井

测井是研究钻孔地质剖面,解决地下地质技术问题的一门地球物理技术。在地热勘查过程中,主要用井温测井和井液电阻率测井来判断含水层位置。

井温测井主要对区内浅层温度变化情况进行了解并寻找储热中心。由于地球内部的热量通过热传导作用不断地向地表扩散,通过测量在地表以下一定深度的温度,可圈出地热异常区,并可大致推断出地下热水的分布范围以及地热异常中心位置,最终预测深部的隐伏热储。井温测井应结合地质钻探对钻孔内的水文地质状况进行精确探测,特别是在无芯钻井或取芯不足等地热井地温研究中,井温测井更是不可缺少的探测手段。

井液电阻率测井主要是对井液的矿化度进行研究并寻找地热异常段。自然状态下,井液的导电性能主要取决于井液的矿化度,矿化度越高,导电性越强,电阻率越低。当钻孔中井液矿化度相同时,井液电阻率曲线为一条直线;当钻孔中有不同矿化度的井液界面存在时,井液电阻率曲线在界面上会产生明显的突变异常,变化的幅值与矿化度的差值成正比。井液电阻率测井中这些突变异常正是寻找地热异常段的有利佐证。

三、实习内容和步骤

(1)认真复习教材中有关地热地球物理勘查方法和技术手段的章节和参考文献。

(2)阅读所提供的材料,掌握地热重力异常识别和分析的方法技术,完成实习作业。

研究表明地热田会出现局部的重力高,这些局部重力高与地热田所处的构造环境有关,如基底隆起、隐伏火成岩体等。区域重力异常的这些特征提供了可能赋存地热的位置,指示了地热资源普查的方向。

基于研究区布格重力异常图分析推测重力异常分布区(图 3-5),并指出该地区断层的位置、基底坳陷和隆起,根据这些地质构造分布来预测研究区地热可能形成的有利区域。

(3)阅读所提供的材料,掌握地热电(磁)异常识别和分析的方法技术,完成实习作业。

大地电(磁)测深法是给出测量剖面电阻率异常随深度变化的断面图。用大地电(磁)测深资料能够推测研究区基底起伏、埋深、断层构造位置,依据热储构造和电阻率之间的相互关

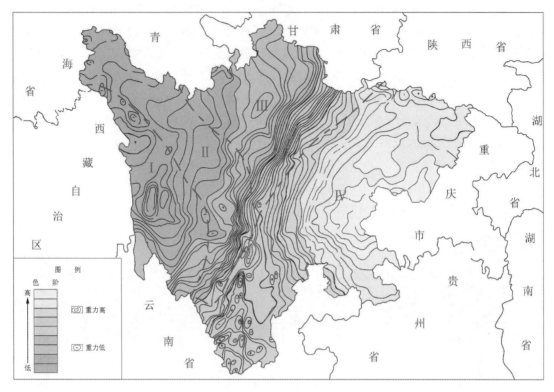

图 3-5 某研究区布格重力异常分布示意图

系,推测地下热储构造位置。

基于研究区电阻率断面图(图 3-6)分析推测电阻率异常地层分布,并指出该地区的传导型地热异常有利区。

四、实习要求和作业

(1)根据所给出的重力、磁力、电(磁)等方法识别地热异常区,学习并掌握基于物理参数地热平面图的识别。

(2)查阅相关文献探讨人工地震、微动测深以及测井等油气勘查方法在地热资源勘查方面的适用性,并撰写一篇读书报告。

五、思考题

(1)判断地热物理勘查方法有哪些?精确度较高的是哪种?精确度较低的是哪种?分述各种手段的优缺点。

(2)人工地震方法在地热勘查方面是否具有适用性?

(3)地热测井方法与油气测井方法的相似点和不同点都有哪些?

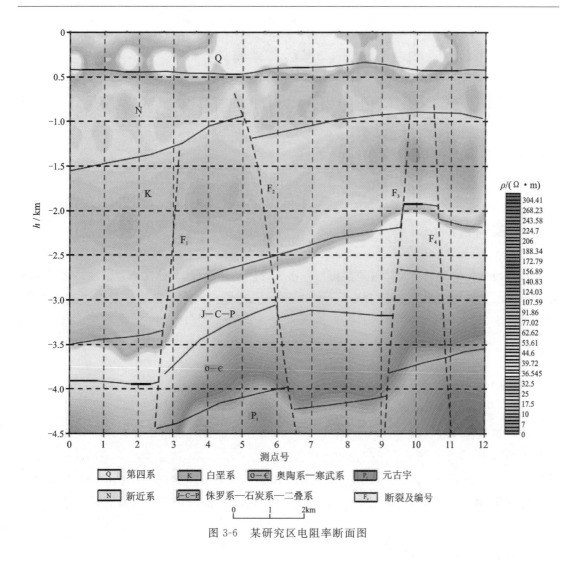

图 3-6 某研究区电阻率断面图

实习四 地热地球化学勘查研究思路及方法

一、实习目的

地热地球化学勘查主要针对地热田地下水进行化学分析,是一种精确评价地热水类型及质量的方法。通常采用的方法包括水文地球化学法、同位素地球化学法以及地热温标法等。通过本次实习,掌握地热地球化学勘查的基本方法,分析不同地质构造背景下地热田化学特征。

二、相关理论、方法和技术

在地热资源勘查及开发过程中,地热地球化学方法是最有效也是最经济实用的方法之一。在国际上,大多数国家已广泛使用地球化学方法对低—中—高温地热系统的成因、类型、模式等方面进行了研究。基于已有的地热地球化学研究方法,可以在热水水源判定、地热气体地球化学、水-岩反应、热储温度估算以及地热流体年龄估算等方面进行成因分析及精确测定。

1. 热水水源判定

Craig(1961)根据全球降水中氢、氧稳定同位素组成统计资料,分析出大气降水的氢(δD)和氧($\delta^{18}O$)同位素值之间存在良好的线性关系,提出全球降水线方程为

$$\delta D = 8\delta^{18}O + 10 \tag{4-1}$$

他指出若热水中的 δD 值与当地大气降水线接近,则表明它的大气起源特征,而 $\delta^{18}O$ 值在热水中较高则是热水在较高的温度下与围岩之间发生同位素交换反应的结果。

Yurtsver 和 Gat(1981)据国际原子能机构(IAEA)全球台站降水资料,将年平均 δD 值加权修正为

$$\delta D = 7.9\delta^{18}O + 8.2 \tag{4-2}$$

由于各地自然地理条件不同,很多地区的降水同位素组成和全球降水线会有所偏离。一般中低温地下热水在 δD 与 $\delta^{18}O$ 的关系图解上除个别点外多无明显的氧漂移现象,而高温热水则往往会出现较为明显的氧漂移现象。

2. 地热气体地球化学

通常高温地热地下水都富含各种气体成分，气体地球化学特征（包括其同位素组成）成为示踪高温地下热水演化过程的重要工具之一。在地热资源研究中，地热气体地球化学的应用主要有3个方面：

(1) 应用 He、C 等气体同位素研究地热水中气体组分的起源及其对深部气床的可能指示。

(2) 运用气体地球化学温标确定热储温度。

(3) 根据温泉中 He、Ne、Ar、CO_2 等组分，研究气体成分的分布与构造背景的关系、地球脱气作用与壳幔热流分布的关系等地学热点问题。

3. 水-岩反应

近年来，许多学者对地热系统水-岩体系的地球化学行为进行了深入的研究。根据地热流体的组分受不同温度下矿物和流体间的反应所控制，国外很多学者开发了较多的地热地球化学模拟软件，其中以冰岛大学 Stefan 教授的 WATCH 软件应用最广。该软件能进行不同温度下的平衡模拟计算，在模拟过程中能定量计算出不同的参数：

(1) 水溶液中各化学组分的存在形式。

(2) 矿物的饱和指数（SI）。

(3) 热水井中蒸汽散失对热水化学成分的影响程度。

(4) 热液的 pH、氧化-还原电位及气体分压等。

这为进行地热流体与矿物之间化学平衡的计算创造了条件。它不仅适用于不同温度的地热系统，而且可以用于计算其他天然水化学组成的存在形式。

4. 热储温度估算

在进行地热热量评价时，热储中岩石和水的平均温度是很关键的参数指标。人们常采用钻孔及地球物理的方法来获取深部热储的温度指标，但这些方法耗时且不经济，在钻进过程中冷却水还可能影响实测温度。与此同时，学者们发现许多化学反应和同位素反应都可以用作估算热储温度的地球化学温标或地热温标。

(1) 二氧化硅浓度法。Bodvarsson(1960)根据冰岛天然热水中二氧化硅的浓度，首次提出一种经验的、定性的地热温标。Morey 等(1962)根据溶液处在蒸汽压力下水中石英溶解度的相关特征，并结合 Kennedy(1950)在更高温度下的研究成果，提出了这种地热温标的理论依据。

(2) 矿物饱和指数法。在 $\lg(Q/K)\text{-}T$ 图解中根据一些矿物的收敛温度来估算热储温度，该方法可以在前述的 WATCH 软件里进行应用。

迄今为止，地热学家们已提出了30多种地热温标，原理都是依据热水中的某些水溶液组分的含量与热水温度的相关关系来推断该区的深部热储温度。

5. 地热流体年龄估算

根据放射性衰变规律,热水的年龄为放射性同位素原子数比值的函数。氚是水中氢的放射性同位素,由于形成条件的特殊性,它不仅可用作一种示踪剂,而且可以用来确定地下热水的年龄。计算地下水氚年龄的一般步骤为:

(1)取得研究区的氚背景值。
(2)建立物理模型。
(3)根据物理模型确定标准年龄曲线或计算公式。
(4)依据实测氚值在曲线上或公式中求出氚年龄值。

三、实习内容和步骤

(1)认真复习有关地热地球化学勘查方法和技术手段的教材章节和参考文献。
(2)阅读所提供的材料①,分析地热水文地球化学特征,识别地热水化学类型。
基于表 4-1 中地热水化学特征分析,指出各种样品的水化学类型。

表 4-1　不同样品水化学分析

阳离子/(mg·L^{-1})							阴离子/(mg·L^{-1})					pH值	矿化度	游离 CO_2	可溶性 SiO_2	暂时硬度
K^+	Na^+	Ca^{2+}	Mg^{2+}	Fe^{3+}	Fe^{2+}	NH_4^+	Cl^-	SO_4^{2-}	HCO_3^-	NO_3^-	F^-					
5.29	23.4	20.8	2.15	1.0	2.0	0.20	15.4	5.20	125	1.10	0.23	6.56	135	62.5	81.7	60.9
4.15	76.6	17.1	1.53	0.2	0.1		36.6	9.70	192	4.23	0.42	8.17	242	11.4	48.7	49.0
5.03	34.7	39.2	4.53	0.4	0	<0.02	13.0	<4.00	229	0.40	0.24	7.62	211	22.0	38.0	117.0
4.2	51.3	25.5	1.68	1.0	2.4	<0.02	17.6	6.41	187	1.35	0.40	7.8	200	14.1	36.3	70.5
6.55	114.0	26.8	6.89	0.2	0	<0.02	146.0	22.30	177	5.56	0.37	8.01	411	3.5	62.8	95.4
3.84	58.2	21.4	0.79	0.2	0	0.10	19.5	4.80	180	2.10	0.28	7.00	199	3.5	49.6	56.8
7.99	155.0	42.3	11.60	0.8	0.2	0.10	223.0	32.10	203	1.80	0.20	7.73	573	4.4	48.2	153.0
4.6	46.5	33.5	1.68	0.6	0.2	0.04	15.6	6.66	198	1.30	0.34	7.41	208	7.5	50.4	90.5
4.69	64.7	25.1	1.73	0.4	0	<0.02	36.1	9.70	199	2.08	0.54	7.82	242	1.8	52.0	69.7
6.4	31.6	25.3	2.50	0.3	3.7	0.60	16.1	7.70	153	3.00	0.50	8.10	166	19.4	66.1	73.5
4.6	47.1	39.3	4.60	0.3	2.7	0.20	30.6	13.70	198	2.50	1.30	7.78	239	3.5	62.3	117.0
4.9	153.0	28.8	9.90	0.3	0.2	<0.02	220.0	31.30	158	3.17	0.74	8.35	527	0	36.2	113.0

(3)阅读所提供的材料(表 4-2),分析地热水氢、氧稳定同位素特征,在图 4-1 中制作全球大气降水线,判定该地区地热水来源。

---

① 本实习内容资料来源为《海南省龙沐湾地热田的水文地球化学研究》(徐单,2017)。

表 4-2 某研究区不同热水同位素分析

序号	取样位置	δD(V-SMOW)/‰	δ^{18}O(V-SMOW)/‰
1	假日海滩	−49.8	−7.05
2	天赐上湾	−46.2	−7.06
3	黄金海岸花园	−51.8	−7.12
4	锦绣京江家园	−45.4	−6.82
5	干部疗养院	−45.9	−6.67
6	烟草公司	−44.9	−6.56
7	铁路宾馆	−37.3	−6.38
8	海口市美群路	−41.4	−6.46
9	澄迈永发	−44.5	−6.7

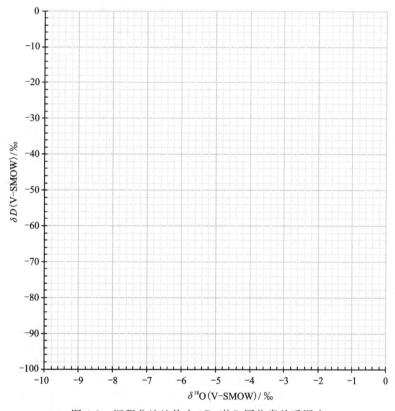

图 4-1 沉积盆地地热水 δD、δ^{18}O 同位素关系图表

(4)阅读所提供的材料(表 4-3),利用合适的温标公式(表 4-4)计算该地区的热储温度,并比较不同研究方法的差异性。

表 4-3 某研究区不同热储参数值

水温/℃	pH 值	$SiO_2/(mg \cdot L^{-1})$
32.0	8.10	66.1
42.0	7.78	62.3
41.0	8.35	36.2
40.2	8.17	48.7
38.4	7.99	30.6
34.0	7.62	38.0
35.9	7.80	36.3

表 4-4 地球化学温标方法及公式

地热温标	公式及温度适用范围	作者
无蒸汽散失石英的溶解度 $t(1)$	$t(℃)=\dfrac{1309}{5.19-\lg S}-273.15$ （0~250℃）	Fournier,1973
100℃下蒸汽足量散失石英的溶解度 $t(2)$	$t(℃)=\dfrac{1522}{5.75-\lg S}-273.15$ （0~250℃）	Fournier,1973
玉髓 $t(3)$	$t(℃)=\dfrac{1032}{4.69-\lg S}-273.15$ （0~250℃）	Fournier,1977
α-方英石 $t(4)$	$t(℃)=\dfrac{1000}{4.78-\lg S}-273.15$ （0~250℃）	Fournier,1977
100℃下蒸汽足量散失玉髓的溶解度 $t(5)$	$t(℃)=\dfrac{1182}{5.09-\lg S}-273.15$	Based on Fournier,1977
无蒸汽散失玉髓的溶解度 $t(6)$	$t(℃)=\dfrac{1112}{4.91-\lg S}-273.15$	Arnorsson et al.,1983
Na-K-Ca $t(7)$	$t(℃)=\dfrac{1647}{\lg(Na/K)+\beta[\lg(\sqrt{Ca}/Na)+2.06]+2.47}-273.5$ $\beta=4/3$（当 $t<100℃$）或 $\beta=1/3$（当 $t>100℃$）	Tonani,1980
Na-K $t(8)$	$t(℃)=\dfrac{856}{0.857+\lg(Na/K)}-273.15$	Fournier,1973

注：表中 S 为二氧化硅的浓度，所有浓度均以 mg/kg 为单位。

四、实习要求和作业

(1)地热水分类标准和形式有哪些?
(2)大气降水线与区域降水关系是什么?
(3)查阅相关文献探讨地热地球化学温标指示剂最新研究动态,并撰写一篇读书报告。

五、思考题

(1)水文地球化学的代表性判定图鉴有哪些?有哪些适用范围?
(2)直接测量法与地球化学温标法对热储温度的厘定有何差异?

实习五　武汉周边地热项目参观实习

一、实习目的

通过对地热开发利用项目的参观与学习,让学生更好地理解地热能在生活中的应用。基于实习地点的实地参观,并结合课本理论知识,学习浅层地热能的开发和应用,认识地热能从地热井开采到被利用的全过程,分析地热异常的地质构造条件以及储热条件,了解地源热泵的工作原理和工作条件,为未来可能从事的地热能勘查与评价工作打下坚实的基础。

二、实习内容和步骤

本次实习地点为天屿湖生态社区地热温泉项目和湖北大学图书馆地源热泵空调系统,实习内容包括天屿湖与湖北大学的地热能利用,如温泉开发、地源热泵等。

(一)天屿湖生态社区地热温泉项目

天屿湖(原名白石湖)地处湖北省汉川市马口镇,距汉川城区约15km,距武汉市区约26km,地理位置优越,交通便捷。天屿湖生态社区地热温泉项目是汉川市政府与福建达利集团合作开发的温泉项目。本次的实习路线如图5-1所示。

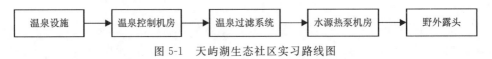

图 5-1　天屿湖生态社区实习路线图

1. 温泉设施

天屿湖温泉于第三纪(古近纪＋新近纪)造山运动时期形成,距今3000万年,源泉处于地下2200m,日出水量1600余吨,出水口温度约为52℃,具有低矿化度、低钠、富硒、锶、锌,偏硅酸含量高等特点,为国内外罕见的硒锶温泉。硒锶温泉能防癌抗癌、改善心血管疾病,并具有增强皮肤弹性、美容养颜的功效。同时,对关节炎、高血压、风湿病和偏瘫等都有特殊理疗功效。

2. 温泉控制机房

温泉控制机房通过对热水循环系统的控制,保证水质干净,不同的温泉池有各自的循环系统。另外,通过对地源热泵的控制,将经过处理的地热水进一步升温以满足使用。

3. 温泉过滤系统

温泉池里的温水,是原水井(自溢井)经管道运输到达净水井后通过三重过滤系统,直至机房进行杂质去除而得到的(图5-2)。其中,原水井井深2300m,套管大小为9.5in(1in=2.54cm)。该系统主要过滤杂质有 H_2S、Br^-、F^- 及其他金属离子。

图 5-2 温泉系统处理流程图

4. 水源热泵机房

水源热泵系统在夏季将建筑物中的热量转移到水源中,在冬季则从相对恒定温度的水源中提取能量,利用热泵原理通过空气或水作为载冷剂提升温度后送到建筑物中。

该地区水源热泵机房主要由水源热泵机组、冷水机组、空调循环泵、卫生热水循环泵以及地板采暖循环泵等设备组成。通过抽取湖水作为水源,取其5℃的温差(出水温度为51.3℃,回水温度为58.4℃),以氟利昂为介质,对室内用水进行加热。由于加热次数不同,其出水温度也不同,该系统可供空调制冷制热,可供地板采暖,还可供卫生热水,一机三用,一套系统可以替代锅炉和空调两套装置。对于同时有供暖和供冷需求的酒店而言,水源热泵系统有明显的优点,不仅节省了大量能源,而且减少了设备的初投资,5台机组日常只需2台运作,3台处于备用状态。

5. 野外露头

通过观察天屿湖生态社区周边野外露头(图5-3),结合武汉地质图与工程地质图,热储发育的构造特征,判定热储岩性特征。基于周边地热地质勘察,可大致确定地热异常区位置,有利于规划和最大限度利用地热资源。

图 5-3 天屿湖生态社区周边野外露头

(二)湖北大学图书馆的地源热泵空调系统

湖北大学图书馆地上12层,地下1层,建筑面积42 050m²。建筑功能主要包括书库、阅览室、报告厅、展览厅和办公用房,图书馆的空调冷热源为闭式地下水源热泵空调机组。本次实习主要参观了地源热泵空调系统在湖北大学图书馆中的应用,该系统主要利用了浅层地热能,取的浅层地下水,用掉所需热量后再回灌到地下,为封闭系统。

湖北大学地热钻井井深为40m,地表水温度为10.9℃,地下水温度为19.3℃,出水温度为33.4℃,回水温度为37.3℃,通过取近10℃的温差,以空气和水作为介质提升温度后对图书馆进行供暖。它的主要优点是较为清洁,并体现在效益上,通常消耗1000W的电能,用户可以得到700~1000W左右的热量或冷量。水源热泵同样消耗1000W的能量,可产生4200W的热量或冷量,经过能量损耗后冬季用户可以得到3500W左右的热量,夏季用户可以得到2700W左右的冷量。两季损失能量的不同和地下水与地表水的温差不同有关。

三、实习要求和作业

(1)了解温泉系统开发流程。
(2)了解地源热泵系统的工作原理和优缺点。
(3)查阅相关文献,探讨中—浅层地热能在国民经济生活中的应用,并撰写一篇读书报告。

四、思考题

(1)野外如何识别热储层?可以作为热储层的岩性有哪些?
(2)浅层地热能能够被利用的主要控制因素有哪些?

实习六　岩石热导率测定

一、实习目的

了解岩石热导率的定义,掌握岩石热导率的测定方法、技术和原理。

二、相关理论、方法和技术

岩石热导率是影响热流值和地温场分布的主要因素之一。岩石热导率表征热量从岩石较热部分传播至较冷部分的能力,它的物理意义是指单位时间内单位长度岩石温度升高或降低1℃时在垂直热流方向上每单位面积所通过的热量,因此也称为导热系数,常用单位是 W/(m·℃)。岩石热导率数值上等于稳态热传导条件下,通过单位面积的能量或热流密度 q(相当于大地热流值)除以一维导热体中的温度梯度(相当于地温梯度)所得的商。

与岩石的电导率或磁化率等其他物理性质相比,不同岩石热导率的差异相对较小,但同类岩石热导率的变幅则相对较大。其中以沉积岩类的碳酸盐岩、砂岩和砾岩尤为突出,这主要是由于这些岩石的结构、成分有相当大的差异,因此不能以岩石热导率值作为区分岩石类别的标志。研究表明,岩石的结构以及成分特征是影响岩石热导率的主要因素。在致密岩石中,矿物的性质对热导率起主要控制作用,岩石的裂隙发育程度对热导率也有显著影响;在疏松多孔的岩石中,孔隙率、孔隙大小、连通性、含水量及其充填物等有关特性,对岩石热导率有较大的影响,温度、压力条件有时也构成影响岩石热导率的重要因素。

实际工作中,应在当地采集相当数量的有代表性的岩样,通过实验测试分析来具体确定热导率值。表 6-1 列举出部分物质的热导率常见值,其中,水的热导率值比岩类要低,空气则不足岩类的 5%。正是由于水和空气极低的热导率,相同岩石类型的热导率随孔隙度的增加而显著减小,这也是同类岩石热导率变幅较大的主要原因之一。热学上通常把热导率小于 0.25W/(m·℃)的材料称为绝热材料和保温材料,多孔材料和孔隙率大的岩土,一般均属于绝热材料类。

岩石热导率基本上均在实验室内进行测定,而松散层则可原位测量。通常可以在加热的条件下,测量岩石中热的传递,即温度的变化,从而获得岩石的热导率。按照测量过程中,材料内部温度是否需要达到热平衡这个特点,可以分为稳态法和非稳态法(瞬态法)两类岩石热

表6-1　部分材料的热导率参数表

材料类型	热导率/[W·(m·℃)$^{-1}$]
火山凝灰岩	1.2～2.1
深海沉积物	0.6～0.8
水	0.613
空气	0.024
水泥	0.95
钢铁	45
混凝土	0.81～1.4
黄铜	110

导率测试方法(表6-2)。稳态法需要在岩石内部达到完全的热平衡状态之后,测量热流大小和温度梯度,计算出岩石的导热系数,在这个状态下岩石内的温度场是不随时间变化而变化的,相对于非稳态法来说,热平衡时间相对较长。稳态法常用于测量中—低导热系数的岩石,比较常见的稳态法有热板法、热流计法、分棒法等。非稳态法测量的是岩石内部温度分布随时间的变化关系,通过加热功率和岩石温度变化关系推导出岩石导热系数,不需要等待岩石达到热平衡,相对于稳态法,瞬态法更加快捷。瞬态法对环境要求低,常用于测量高导热系数的岩石。比较常见的非稳态法有差示扫描量热法、光学扫描、瞬态平面热源技术、热线法、热丝法、激光脉冲法、热探针法、闪光法等。

表6-2　室内实验室热导率测试方法及仪器列表

分类	测试方法	代表性仪器	优点	缺点	适用性	误差范围/%
稳态法	纵向热流法	DRX-I-JH型直流电纵向热流法导热仪	使用广泛	接触热阻和热量损失可能导致误差较大	适用于中低导热系数材料	5
	径向热流法	地热-I型稳定平板式岩石导热仪		存在热线电阻随温度升高而变化的现象,温度对导热系数变化的影响难以确定		4
	保护热板法(GHP)	德国耐驰公司GHP456保护热板法导热系数测量仪	测量精度高	测试用时较长		<2
	分棒法	地热-Ⅱ型稳定分棒式岩石热导仪		耗时。要求岩芯规则,不能同时确定热导率和热扩散率	不适合裂缝性或胶结较差的岩石	<2

续表 6-2

分类	测试方法	代表性仪器	优点	缺点	适用性	误差范围/%
非稳态法	差示扫描量热法	美国 DU Poot-9900 型差示扫描量热仪;Perkin El-mer 公司的差示扫描量热仪,DSC	自动化程度高、分析速度快	样品用量较少,均匀性较差的岩样取样代表性风险高	适用于经烘干后的粉末状样品	<5
	光学扫描	Burkhardt 等开发的一种光学装置(TCS)	无接触、无损坏、高精确度	光学扫描深度较浅,一般限于岩样表层,最大 3cm 左右	岩样要求不高,可测量完整岩芯、岩芯碎块	1.5
	瞬态平面热源技术（TPS）	法瑞典凯公司 TPS2500S 型导热仪和赛塔拉姆公司 Mathis TCi™ 导热仪;德国 NETZSCH 公司 LFA-447 Naroflash 导热仪	用时短,测量范围广;不受接触热阻影响	要求样品表面平整,会因表面接触不良而降低精度	适用于各类材料	<5
	热线法	美国 Prics 公司生产的 TCP robetm 热导仪	测量液体效果好	温度的影响难以确定;测试固体时保持良好接触难	适用于液体材料	4～5
	热丝法	DRX-Ⅰ/Ⅱ 导热系数测定仪;HA-Ⅱ 比热测定仪	应用广泛	端部效应会降低测量精度	适用于各类材料	<2
	激光脉冲法	SX-10-12G 型箱式电阻炉,德国耐驰 FA427 激光导热仪	快速、测试范围宽	只能得出热扩散系数,导热系数需要通过计算获取	不适用于聚合物等热扩散系数较小的材料	2
	热探针法	HY-Ⅰ 型非稳态环形热源—微型探针岩石热导仪	用时短	相对误差较大	适合工程快速测量松散粉末、颗粒材料等	2～3
	闪光法	FLASHLINE5000 型激光热扩散系数仪	用时短,精度高	温升—时间关系图上会出现脉冲尖峰	适用于高导热材料与小体积样品	2

1. 热板法

热板法起步比较早。1898 年 Lees 提出了热板法模型,将两块相同的圆形薄试样和三块铜板相间放置,其中中间一块铜板作为热板,两边的两块铜板作为冷板,使热板和冷板间呈稳定一维传热过程,再根据傅里叶定律,得出导热系数的计算公式为

$$\lambda = \frac{Ql}{2S(T_h - T_c)} \tag{6-1}$$

式中:l 为样品厚度;T_h 为热板的平均温度;T_c 为冷板的平均温度;$(T_h - T_c)$ 为热板与冷板间的平均温差;S 为单位时间通过道截面积的热量。

但实际情况中,热板以及样品的侧边热损失不能忽略,为了减少侧边热损失,德国科学家 Poensgen 提出了防护热板法,其传热模型如图 6-1 所示。

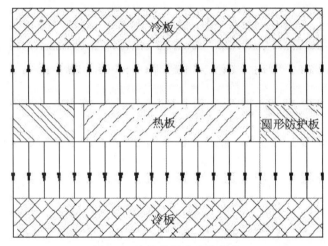

图 6-1 防护热板法理论模型

在此基础上,美国国家标准技术研究院、英国国家物理试验所和德国物理技术研究院等又相继开发出了一些结构更复杂、防护效果更好、边界热损失更小的防护热板装置。20 世纪 90 年代,国际标准化组织(ISO)和美国材料实验协会(ASTM)等国际标准机构发布了关于防护热板法和防护热流法测量导热系数的标准 ISO 8302 和 ASTMC 518-04。当前,防护热板和防护热流装置仍然是欧洲地区测量低导热材料的主要设备。

2. 热流计法

热流计法的基本原理与热板法比较类似,是将一定厚度的样品放入两个平板间,在平板垂直方向上通入恒定的单向热流,再将校正过的传感器放置在平板和样品之间,测量通过样品的热流。当热板和冷板的温度稳定后,测量样品厚度、上下表面的温度以及通过样品的热流量,再根据傅里叶定律就可以计算出样品的导热系数。热流计法测量材料导热系数是一种相对简单、快速的方法,可用于测量导热系数小于 20W/(m·K)的材料,同时也可以用于液体导热系数的测定。但是这种方法对样品的要求比较苛刻,只适合于特定尺寸样品的测量,且

样品侧面的热对流和热辐射损失可能给测试结果带来较大误差。

3. 分棒法

分棒法也叫分隔板法,分棒法测量装置主要包括热源和散热或吸热器(通常是恒温控制的水浴、电热线圈或其他电热材料)、4个圆盘形高导热材料(通常为黄铜材料)、2个已知热阻的参考样品(通常是聚碳酸酯)以及四周的隔热材料(图6-2)。实验时,热源释放热量,热流由上向下依次通过各个部件及样品,并最终到达散热器。待系统温度场稳定后,由安置在高导热材料中的4个温度传感器记录系统的温度变化,温度传感器测量点应尽可能靠近材料中心轴,以获得最准确的测量结果。

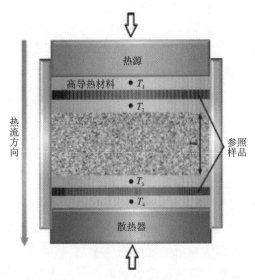

图6-2 稳态分棒装置示意图

然而,这些稳态测试方法存在以下一些缺点:

(1)一般用于测量低导热系数的材料,而对于高导热材料,传热速率较快,不方便控制,很难保持温度场的持续稳定。

(2)建立稳定温度场所需要的时间较长,测试效率低,测量温度上限为2000K。

(3)对测试测量系统的绝热条件以及样品尺寸等要求较为苛刻。

(4)主要适用于测量固体块状材料的导热系数,而对于粉末、液体和气体试样误差较大。

(5)只能用于测量各向同性材料的导热系数。

为了克服稳态法的上述缺点,缩短测试时间,减少在高温测试条件下周围环境对测试系统的影响,瞬态法应运而生。在瞬态法中,试样内的温度分布随着时间而变化,是一个非稳定的温度场,记录试样的温度变化速率,就可以确定试样的热扩散系数,再根据样品其他已知参数进而得到导热系数。与稳态法相比,瞬态法测量在外加稳定热源条件下,样品温度对时间的响应,不需要达到热平衡,测试时间短,接触热阻等因素对测量精度的影响小,这使得该方法温度范围广,测试精度高。

4. 热线法

热线法是一种常用的导热系数非稳态测试方法。热线法的测试原理是将一根金属线作为测试系统热源放置在初始温度分布均匀的试样内部,然后在金属线两端通上电压,使金属线温升,其升温速率与材料的导热性能有关。若材料导热系数小,其热量就不容易散失,致使金属线升温高且快;反之若材料导热系数大,则金属线升温小且慢。金属线除具有提供内部热源的作用外,还可同时作为测量温度变化的传感器。由于电阻与温度在一定范围内呈线性关系,故我们可以通过记录金属线电阻随时间的变化,得到温升 ΔT 与时间 $\ln t$ 的关系,再结合其传热过程的数学模型,就可以得到导热系数的计算公式

$$\lambda = \frac{q}{4\pi} \times \frac{\mathrm{d}\Delta T}{\mathrm{d}\ln t} \tag{6-2}$$

热线法的优点在于它可以消除样品边界与环境热对流的影响,从而使获得的数据比稳态法更为可靠。热线法技术在低压气体和高温测试条件下,测量精度较低,对于薄膜试样,由于样品的厚度和传感器的厚度比较接近,测试过程中样品的边界热损失较大,不建议采用此方法进行测量。

5. 热带法

热带法是在热线法的基础上发展起来的,是对热线法的改进和完善,其测量原理与热线法类似。热带法是取一条很薄的金属片(即热带,通常用金属铂片)代替热线法中的金属线,作为测试装置中的加热元件和温度传感器。所采用金属片的厚度越薄,就越能减小热带与固体样品之间的接触热阻,更加真实地记录样品温度变化,从而降低在测量过程中的绝对误差和统计误差。与热线法相比,热带法使用薄带状的热源和传感器结构,与被测固体样品能更好地接触,可更加精确地记录被测样品温度的变化,故热带法在测量固体材料的导热系数时,比热线法有更高的精确度。用这种方法对一些松散材料和非导电固体材料进行测试,测试结果具有较好的重复性和准确性,实验装置的实际测量偏差最大不超过5%。由于测量过程中加热功率的大小应与材料导热性能成正比,这样就意味着对高导热材料需要增大加热功率,但若加热功率过高,会使裸露在空气中的热带升至较高温度,从而影响样品内部温度场的分布,造成实验误差较大。根据相关资料,瞬态热带法适用于测量导热系数小于 2.0W/(m·K)的材料。

6. 激光闪射法

激光闪射法由 Parker 等(1961)提出。激光闪射法的测试原理是将样品放置在两块金属板之间,用激光束作为加热热源,前面一块金属板在激光脉冲的作用下获得比较高的瞬时能量,然后再将热量通过样品传到后面一块金属板。在此过程中,忽略激光脉冲加热时间,并假设激光脉冲加热均匀,样品绝热,无对流和辐射损失且样品为各向同性。最后对实验得到的温度与时间曲线进行非线性拟合,可得到材料的热扩散系数,进而获得材料的导热系数。激光闪射法具有如下优点:

(1)数据计算过程简单。
(2)对试样尺寸要求不高,可以测量很小、很薄的试样。
(3)测试时间短,并可以同时获得材料的热扩散系数、导热系数和热容值。
(4)测量温度范围广。

但激光闪射法一般用于测量各向同性材料的导热系数,不能用于测量各向异性材料,并且在测量热扩散系数小的材料时,测量结果误差偏大。

7. 瞬态板式热源法

瞬态板式热源法(Transient plane source method,TPS),是由瑞典科学家 Gustafsson 在热线法和热带法的基础上开发出来的,又被称为 Hot Disk 法。板式热源法跟热线法和热带法同样都是采用一个电阻元件作为加热热源,在测试时将 TPS 传感器放置在两块相同的被测材料中间,形成类似三明治的夹层结构(图 6-3),将已知量的功率传递至样品。同样该电阻元件也作为温度传感器,电阻元件输入恒定的直流电后,由于温度增加,探头的电阻发生变化,通过记录该电阻元件电压和电流随时间的变化得到温度对时间的曲线关系。假设样品无限大,样品内部温度分布不受样品边界的影响,温度传感器所记录的温升全部是由外加热源引起的,从而计算出材料的热扩散系数以及导热系数。瞬态板式热源法改进了这种电阻元件的结构,采用了一种薄膜式传感器(图 6-4)。

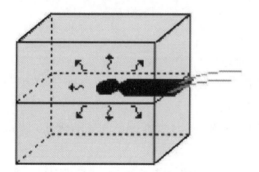
图 6-3　板式热源法测量过程结构简图

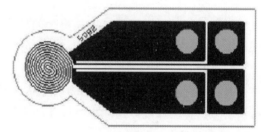
图 6-4　Hot Disk Kapton 薄膜式探头

这种传感器用电热金属镍箔经过刻蚀处理后形成连续的双螺旋结构,并在这种双螺旋结构两边覆上几十微米厚的薄膜,起到电绝缘和保护作用,以适用于测量导电材料的导热系数。热线法和热带法需要长试样,是因为电阻温度计的灵敏度与热线或热带的初始电阻成比例。为了得到传感器元件理想的初始电阻,同时方便和紧凑地放置样品,将 Hot Disk 传感器设计成双螺旋结构,可以尽量减少样品的大小和探头与样品间的接触热阻,因此这种测试方法非常迅速和便利,同时也具备很高的精确度。

瞬态板式热源法与其他测试方法相比,具有如下优势:
(1)测试过程不会破坏被测样品本身,也不需要进行样品预处理,只需表面相对平整的样品。
(2)测量多孔类和透明型材料简单、方便,不需要另行校正。

(3)探头与样品之间的接触热阻不会影响测量结果。

(4)直接测量温度升高的值,测量时间短,并可同时获得导热率、热扩散系数和体积热容3个热物理性质参数。

(5)可以选择单向或是双向测量,单向测量可以简化测量和数值求算过程,而双向测量可以保证最高的精确度。

(6)可用于固体、粉末、液体、气体、薄膜以及各向异性材料的测定。

瞬态板式热源法自诞生至今40余年的时间,现今已被越来越多的研究者用于各种不同类型和不同测试条件下材料热物性参数的测定。

三、实习内容和步骤

1. 实验仪器重复性误差和准确度的校正

实验前必须对仪器的重复性和准确度进行校验。选用德国林赛斯公司提供的不锈钢 Stainless Steel 435 标准样,标准样导热系数为 $13.5 W/(m·K)$,热扩散系数为 $3.65 m^2/s$,体积热容为 $3.70 J/(m^3·K)$,进行导热系数的多次测量,将测得的导热系数数值与参考值进行比较,计算它们之间的相对误差和重复性偏差。

2. 样品测试步骤

(1)打开空调,将室内温度调至某一温度点,测试过程中保持室内温度恒定,尽量与室外温度接近,以减小室内外的热对流。将样品放置在测量室内,使样品内部的温度分布达到相对稳定状态,同时打开主机,预热 30min。

(2)用百分位的游标卡尺分别测量样品的厚度,被测的两块样品厚度差异不超过0.3mm,平板法输入的样品厚度取两块样品厚度的平均值。

(3)将样品放置在样品架上,外表面两侧分别覆盖上塑料泡沫[导热系数为 $0.027\ 6W/(m·K)$],减小测试过程中样品边界的热损失。

(4)运行软件,按照操作说明开始测试,测试完成后,取点计算并保存数据。

(5)采用不同的加热功率、加热时间、TPS探头、样品厚度进行导热系数测试,相同操作条件下,重复测量3次,减少测量的偶然误差。相邻两次测量间,保证一定的间隔时间,避免前一次的测试样品内部遗留热量对后面测量过程样品内部温度场产生影响。

四、实习要求和作业

(1)基本掌握岩石热导率测量的方法原理。

(2)根据提供的岩石热导仪,测定提供的砂岩、泥岩、白云岩以及灰岩等样品的岩石热导率。

五、思考题

(1)岩石热导率的测量方法可分为哪几类?分别论述其优缺点。
(2)影响岩石热导率的因素有哪些?

实习七 岩石热扩散系数测定

一、实习目的

岩石的热扩散系数又称为导温系数,与岩石的导热系数、密度、热容有关。岩石热扩散系数的测定有利于了解岩石热力学性质,从而研究岩石的含水饱和度,为地热资源勘查与评价提供基础参数。

二、相关理论、方法和技术

将热扩散系数定义为物体中某一点的温度的扰动传递到另一点的速率的度量。岩石热扩散系数是反映岩石吸热或放热过程中岩石内部温度变化速度的物理量,又称为导温系数。岩石热扩散系数与岩石热导率存在的关系为

$$\alpha = \lambda/(C_p \cdot \rho) \tag{7-1}$$

式中:α 为岩石热扩散系数(m^2/s);λ 为岩石导热系数[$W/(m \cdot K)$];C_p 为岩石的比热容[$J(kg \cdot K)$];ρ 为岩石密度(kg/m^3)。

由式(7-1)可以看出,岩石热扩散系数不仅可以通过直接测量获取,也可以通过测定岩石导热系数后由公式转换获取。

1. 直接实验法

直接测量热扩散系数的方法主要分为两种:一种为稳态测量法;另一种为非稳态测量法。前者包括热流计法、保护热板法以及圆管法等;后者包括热线法、热带法、热源法以及激光闪射法等,在实习六中已经有详细的阐述。近几十年里,国内外学者对常温下的砂岩、页岩、石灰岩、片麻岩、闪绿岩、花岗岩、绿泥石、低品位铁矿及煤等岩石的热扩散系数进行了比较详细的研究(表7-1)。

表 7-1 常温下岩石热扩散系数

岩石名称	砂岩	泥岩、页岩	白云石、灰岩	片麻岩	闪绿岩	花岗岩	绿泥石	铁矿	煤
$\alpha/10^{-3} m^2 \cdot s^{-1}$	3.6~5.4	1.4~3.2	2.9~4.7	4.3	4.3	3.2~4.7	4.0~5.4	6.1	0.8~1.0

2. 间接公式法

计算岩石热扩散系数的关键参数分别为岩石导热系数(λ)、岩石密度(ρ)以及岩石比热容(C_p)。在实习六中,我们已经对岩石导热系数的测定进行了较为详细的阐述,而岩石密度一般可以通过精密天平或者测井资料获取,所以岩石比热容参数在间接公式法中就显得格外重要。

比热容,简称比热,亦称比热容量,是热力学中常用的一个物理量,表示物体吸热或散热能力。比热容越大,物体的吸热或散热能力越弱。它指单位质量的某种物质升高或下降单位温度所吸收或放出的热量。它在国际单位制中的单位为J/(kg·K),即令1kg物质的温度上升1K所需的能量。

比热主要采用混合冷却法进行测定。因为岩石的不均质特性,在取样上应充分考虑样品的代表性。在测试时,在样品中心插入热电偶,准确测量样品热量传递过程。另外,与水温热电偶的数值进行比较,判断热量传递后达到温度平衡状态。

三、实习内容和步骤

本次实习内容主要测定岩石热扩散系数的中间参数——岩石比热,主要的步骤如下:

(1)将岩样装入试样筒内,称重,计算岩样重量(岩样重量=总重-岩样筒重量)。用钢针在岩样中心插入一个孔,作安装热电偶使用。

(2)将岩样筒放入恒温箱(或恒温水槽)中加温,当岩样中心温度与恒温箱温度相等时,认为岩样温度均匀。此时的温度为岩样温度(岩样下落时的初温)。

(3)保温桶中装入一定重量的水,测温热电偶读出水的温度(保温桶水的初温)。

(4)快速从恒温箱中把岩样倒入保温桶的水中。

(5)摇动保温桶,记录水和混合物温度,当温度不变化时,混合物温度是水的计算终温。

计算公式为

$$C_m = \frac{G_1 E C_w (t_3 - t_2)}{G_2 (t_1 - t_3)} \tag{7-2}$$

式中:C_m为岩土在t_3到t_1温度范围内的平均比热容(J/kg·℃);C_w为保温桶中水在t_2到t_3温度范围内的平均比热容(J/kg·℃);E为水当量(用已知比热的岩样进行测定,可得到E值)(g);t_1为岩土下落时的初温(℃);t_2为保温桶中水的初温(℃);t_3为保温桶中水的计算终温(℃);G_1为水质量(g);G_2为岩样质量(g)。

四、实习要求和作业

(1)根据提供的比热容测试仪,测定提供的砂岩、泥岩、白云岩以及灰岩等样品的岩石比热容。

(2)根据提供的岩石热导率测试仪,测定提供的砂岩、泥岩、白云岩以及灰岩等样品的岩石热导率。

(3)根据提供的精密天平和量筒,测定提供的砂岩、泥岩、白云岩以及灰岩等样品的岩石密度。

(4)基于上述测定数值,计算砂岩、泥岩、白云岩以及灰岩等样品的热扩散系数,然后与表7-1进行对比分析。

五、思考题

(1)导热系数向岩石热扩散系数转化计算时,是否会出现误差?出现的话,误差来源是什么?

(2)稳态测量方法和非稳态测量方法的优缺点是什么?

(3)上述的方法中适合岩石样品测量的是什么?原因是什么?

实习八　岩石生热率测定

一、实习目的

岩石生热率是与地球内热有关的重要参数之一，是演绎岩石圈热结构的基础。通过本次实习，了解并掌握岩石生热率测定相关方法和技术，不仅能为地球动力学研究提供基础参数，而且能揭示地壳生热元素的分布特征，为解释大地热流、地温场和构造热史模拟等提供数据基础。

二、相关理论、方法和技术

岩石生热率的定义为单位时间内由单位岩体所产生的热量，单位为 $\mu W/m^3$。自然界的岩石里存在着放射性元素，放射产热是岩石圈内热的主要来源之一。岩石圈放射性元素种类很多，只有具有一定丰度、生热量高和半衰期长的元素，才具有一定的热效应。在岩石圈众多元素中，铀（U）、钍（Th）和天然放射性同位素钾（^{40}K）具有丰度高、生热量高以及半衰期长的特点，是岩石圈主要的生热元素。

不同放射性热元素的半衰期是不一样的，只有那些半衰期较长的元素才具有一定的热效应。^{238}U、^{235}U 的半衰期分别为 $4.47 \times 10^9 a$ 和 $7.04 \times 10^8 a$，^{232}Th 的半衰期为 $1.14 \times 10^{10} a$，^{232}Th 的半衰期为 $1.14 \times 10^{10} a$，^{40}K 的半衰期为 $1.28 \times 10^9 a$，均与地球的形成时间比较相近。相反，镭（Ra）是一种在自然界分布广泛的天然放射性元素，但因其丰度低、半衰期短而不能成为具有研究价值的生热元素。^{226}Ra 的半衰期只有 $1620 a$，^{87}Rb 也是一种天然放射性同位素，半衰期达 $6.1 \times 10^{10} a$，由于其产热量太低，一般不予以考虑。

在地球的演化过程中，随着放射性元素的不断衰变，其丰度在逐步降低，放射性元素生热量随时间的增加而逐步减少。由于不同生热元素的半衰期不同，它们之间热贡献的相对比例也会随时间发生变化。半衰期较长的生热元素如 ^{232}Th，其热贡献的相对比例在逐渐增大。而半衰期较短的生热元素如 ^{235}U 和 ^{40}K，其热贡献的相对比例却在逐渐减小（图 8-1）。目前，地球上生热元素 U 和 Th 的热贡献比较接近，大体上各占 40%，而生热元素 K 的热贡献比较小，只占有 20% 左右。

单位体积岩石中的生热元素在单位时间内能产生多少热能，不同学者给出的计算方法并不完全一致，Rybach(1976) 根据修正过的天然放射性核参数提出的计算公式为

$$A = 0.01\rho(9.52C_U + 2.56C_{Th} + 3.48C_K) \tag{8-1}$$

式中：A 为岩石放射性生热率或简称生热率（$\mu W/m^3$）；ρ 为岩石密度（kg/m^3）；C_U、C_{Th} 和 C_K 分别代表岩石中 U 含量、Th 含量和 K 含量（10^{-6}）。

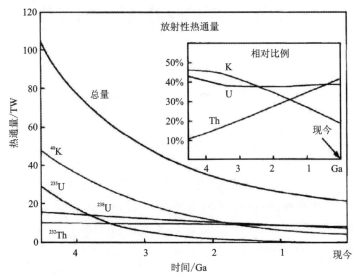

图 8-1　生热元素的热贡献及其相对比例随时间的变化（据 Arevalo et al.，2009）

显然，岩石生热率与岩石密度（ρ）、铀（U）、钍（Th）以及钾（K）含量 4 个独立变量有关。本次实习分别对上述 4 个变量进行求取。

（一）岩石密度

岩石密度的测量可以采用天平测定法和密度仪测定法。

1. 天平测定法

若岩石质量用 m 表示，它的体积为 V 时，其密度 ρ 可表示为

$$\rho = m/V \tag{8-2}$$

岩石的体积可根据阿基米德原理来确定，即物体在水中减轻的重量等于它排开同体积水的重量，于是可以间接求出标本体积 V。

设标本在空气中的重量为 P_1，在水中重量为 P_2，V 为标本排开水的体积，ρ_0 为水的密度时，可得

$$V = (P_1 - P_2)/\rho_0 g \tag{8-3}$$

2. 密度仪测定法

天平测定法虽然能准确测定出岩石密度，但操作费时不直接，效率较低，而密度仪则可直接测定岩石密度。

密度仪是在天平原理上发展起来的仪器（图 8-2），密度仪的使用方法如下：首先，安装仪器，调平后刻度盘应垂直；其次，秤臂 B 端挂上挂钩，同时调节 A 端秤臂上左端配重螺丝，使

转动系统处于随遇平衡状态;然后,B 端挂上标本,A 端放置砝码,调节砝码的重量,使指针指到刻度 n;最后,将标本浸在水中,待平衡稳定后,指针所示的刻度值就是该标本密度 ρ 值。利用密度仪测定的精度可达 $0.01\sim0.02\text{g/cm}^3$,其效率比天平高 $3\sim4$ 倍。

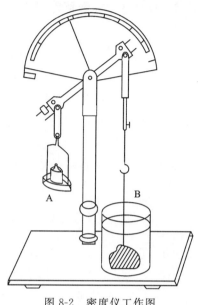

图 8-2 密度仪工作图

(二)岩石中 U、Th、K 的含量测量

放射性测量方法按放射源不同可分为天然放射性法和人工放射性法两大类。天然放射性法主要有 γ 测量法、总放射性法等;人工放射性法主要有射线荧光测量、活化法等。

1. γ 测量法

γ 测量法是利用辐射仪或能谱仪测量地表岩石或覆盖层中放射性核素产生的 γ 射线,根据射线能量的不同判别不同的放射性元素,而根据活度的不同确定元素的含量。根据所记录的 γ 射线能量范围的不同,γ 测量可分为 γ 总量测量和 γ 能谱测量。

γ 总量测量简称 γ 测量,它探测的是超过某一能量阈值的铀、钍、钾等的 γ 射线的总活度。γ 总量测量常用的仪器是 γ 闪烁辐射仪,它的主要部分是闪烁计数器。闪烁体被入射的 γ 射线照射时会产生光子,光子经光电倍增管转换后,成为电信号输出,由此可记录 γ 射线的活度。γ 辐射仪测到的 γ 射线是测点附近岩石、土壤的 γ 辐射、宇宙射线的贡献,仪器本身的辐射和其他因素的贡献三项之和,其中后两项为 γ 辐射仪自然底数(或称本底)。要定期测定仪器的自然底数,以便求出与岩石和土壤有关的 γ 辐射。岩石中正常含量的放射性核素所产生的 γ 射线活度称为正常底数或背景值,各种岩石有不同的正常底数,可以按统计方法求取,作为正常场值。

γ 能谱测量是特征谱段 γ 射线的记录,可区分出铀、钍、钾等天然放射性元素和铯(^{137}Cs)、铯(^{134}Cs)、钴(^{60}Co)等人工放射性同位素的 γ 辐射。它的基本原理是不同放射性

核素辐射出的 γ 射线能量是不同的,铀系、钍系、钾(^{40}K)和人工放射性同位素的 γ 射线能谱存在着一定的差异,利用这种差异选择几个合适的谱段作能谱测量,能推算出介质中的铀、钍、钾和其他放射性同位素的含量。γ 能谱测量可以得到 γ 射线的总计数,铀、钍、钾含量和它们的比值(U/Th、U/K、Th/K)等数据,是一种多参数、高效率的放射性测量方法。

2. 总放射性法

总放射性分析通常是指总 α 放射性与总 β 放射性的分析测量,该方法所分析的不是样品中某种核素的活度浓度,而是分析样品中 α 放射性核素或 β 放射性核素的总活度浓度。由于总放射性测量方法简便、快速,分析测量的成本低,且能快速报出分析结果。因此,总放射性分析方法对大量放射性样品的快速筛选是十分有用的。经总放射性测量,如果该样品的总 α 或总 β 放射性活度浓度处在正常范围,就不必对该样品进行单种核素的分析测量,这样不仅可以节省大量的时间,还能节省大量的人力和物力。

3. 射线荧光测量

射线荧光测量,也称 X 荧光测量,是一种人工放射性方法,用来测定介质所含元素的种类和含量。它的工作原理是利用人工放射性同位素放出的 X 射线去激活岩石矿物或土壤中的待测元素,使之产生特征 X 射线(荧光)。测量这些特征 X 射线的能量便可以确定样品中元素的种类,根据特征 X 射线的照射量率可测定该元素的含量。由于不同原子序数的元素放出的特征 X 射线能量不同,因而可以根据其能量峰来区分不同的元素,根据其强度来确定元素含量,且可实现一次多元素测量。根据激发源的不同,X 荧光测量可分为电子激发 X 荧光分析、带电粒子激发 X 荧光分析、电磁辐射激发 X 荧光分析。X 荧光测量可在现场测量,具有快速、工效高、成本低的特点。

4. 活化法

活化分析是指用中子、带电粒子、γ 射线等与样品中所含核素发生核反应,使后者成为放射性核素(即将样品活化),然后测量该放射性核素的衰变特性(半衰期、射线能量、射线的强弱等),用以确定待测样品所含核素的种类及含量的分析技术。

若被分析样品中某元素的一种稳定同位素 X 射线作用后转化成放射性核素 Y,则称 X 核素被活化。活化分析就是通过测量标识射线能量、核素衰变常数、标识射线的放射性活度等数据来判断 X 核素的存在与否并确定其含量。

能否进行活化分析以确定 X 核素存在与否,并作定量测量,其关键在于 X 核素经某种射线照射后能否被活化,且是否具有足够的放射性活度,生成的 Y 核素是否具有适于测量的衰变特性,是否有利于精确的放射性测量。

活化分析可分为中子活化分析、带电粒子活化分析、光子活化分析。

三、实习内容和步骤

本次实习内容主要测定岩石生热率中铀(U)、钍(Th)和天然放射性同位素钾(^{40}K)含量,采取的方法有总放射性法和射线荧光法,具体步骤如下。

1. 总放射性法

(1)岩石样品标准源制备:α标准源和β标准源制备完毕,放电阻箱内在500℃下灼烧1h后,置于干燥器内备用。

(2)岩石样品标准源效率校正:将制备好的标准源在α、β测量装置上计数,计算其活度计数率。

(3)将岩石样品粉碎过120目筛,在110℃下烘4h,置于干燥器内保存备用。

(4)称取已烘干的岩石样品0.5~1g铺样制源,并在测量装置内测量100min。总α、β的放射性活度的计算公式为

$$C_\alpha = \frac{(R_x - R_0)}{(R_s - R_0)} \times \alpha_s \times \frac{m}{V} \times \frac{1.02}{V_s} \tag{8-4}$$

$$C_\beta = \frac{(R_x - R_0)}{(R_s - R_0)} \times \beta_s \times \frac{m}{V} \times \frac{1.02}{V_s} \tag{8-5}$$

式中:C_α为样品中总α放射性活度浓度(Bq/L);C_β为样品中总β放射性活度浓度(Bq/L);R_x为样品源的总α和β总计数率(S^{-1});R_0为本底的总α和β总计数率(S^{-1});R_s为标准源的总α和β总计数率(S^{-1});α_s为标准源的总α放射性活度浓度(Bq/g);β_s为标准源的总β放射性活度浓度(Bq/g);m为样品质量(g);V为样品总体积(mL);V_s为样品取样体积(L)。

2. 射线荧光法

(1)样品制备:将所有岩石样品经过粉碎、干燥、研磨成细颗粒的粉末(200目),再称取试样0.01~0.10g(准确至0.0001g)于20~30mL聚四氟乙烯坩埚中,准备将试样分解。

(2)样品分解:样品在分解过程中需要加入少许水、5mL硝酸(密度为1.42g/cm³)、3mL高氯酸(密度为1.75g/cm³)和2mL氢氟酸(密度为1.15g/cm³),摇匀,加盖,在温度设置为300℃可调压的电热板上加热约1h,待试样分解完全后,去盖蒸至白烟冒尽。

(3)样品静置:取下坩埚,沿壁加入1mL硝酸(密度为1.42g/cm³),将坩埚重新放回到电热板上,加热至湿盐状(防止干涸),趁热沿壁加入5mL已预热(60~70℃)的硝酸,加热至溶液清亮后立即取下,用水冲壁一圈,放至室温,转入50mL容器瓶中,用水稀释至刻度,摇匀,澄清后待测。

(4)样品前测量:取0.5mL试液,倒入激光轴分析仪的石英皿中,加入4.5mL水,搅匀,将石英皿放进样品室,关上样品室门,记下仪器读数。

(5)样品中测量:取出石英皿,倒掉样品溶液,用去离子水将石英皿清洗干净,再分取0.5mL试液于石英皿中,加入4.5mL荧光试剂(抗干扰荧光试剂)和氢氧化钠的混合溶液,搅

拌均匀。用pH试纸检查溶液的酸碱度pH值是否在7～9范围内,若超出范围则需用氢氧化钠溶液或硝酸溶液调节酸碱度,按上述步骤测量荧光强度。

(6)样品终测量:取出石英皿,在容量为0.02～0.05mL范围内准确加入一定浓度(0.2μg/mL或1.0μg/mL)的标准溶液(视石英皿中放射性元素的浓度而定),仔细搅拌均匀后,按上述方法测量荧光强度(以同样的方法进行空白溶液测量)。

测量时吸取的溶液应选择清亮的,若在加入混合溶液后有沉淀,则应适当增加稀释倍数至溶液无沉淀后方可测量。对于放射性元素含量较高的试样,适当减少称样量,增加定容体积,分解试样及测量步骤同前。测量时选取的相对标准偏差 ^{238}U 为±4.18%、^{232}Th 为±2.37%、^{40}K 为±1.55%。

四、实习要求和作业

(1)根据提供的天平或密度仪,测定提供的砂岩、泥岩、白云岩以及灰岩等样品的岩石密度。

(2)根据提供的放射性测试仪,测定提供的砂岩、泥岩、白云岩以及灰岩等样品的岩石 ^{238}U、^{232}Th 和 ^{40}K 的放射率浓度。

(3)计算测定提供的砂岩、泥岩、白云岩以及灰岩等样品的岩石生热率。

五、思考题

(1)除了实验直接测量岩石放射性生热率,是否存在间接获取的途径?简述之。

(2)探讨岩石生热率对测井、地震等参数的影响。

实习九　大地热流值计算

一、实习目的

大地热流数据作为评价地热资源潜力的必要参数,具有重要的社会经济价值。大地热流数据的测量和汇编一直以来都是地热研究中重要的基础性工作。本实验通过对大地热流等相关理论、方法和技术的回顾,让学生掌握古今大地热流值的计算方法。

二、相关理论、方法和技术

对于大地热流的测定通常采用的方法并非直接测量,而是间接测量,具体可以归结为地温梯度和岩石热导率两个参数的测定。

陆地热流测试一般是在钻井中测量地温和采集相应层段的岩样,然后分别确定其地温梯度和在实验室测定岩层热导率,有了这两个参数就可以获得热流值。海洋热流测试则同样可以在海底钻井中进行,这种情况下的热流测量与陆地热流完全相同,但大范围的海底热流测量主要通过海底热流探针来得到。

（一）热流值计算

在实测热流的计算中,假设地壳中热量的传递符合一维稳态热传导的傅里叶定律,则地表热流(热流密度)q在数值上等于垂直地温梯度和岩石热导率之乘积,即

$$q = -K \frac{dt}{dz} \tag{9-1}$$

式中:q表示表层大地热流(热流密度)(mW/m^2);K表示岩石的热导率[$W/(m·K)$];负号表示地温梯度与热流密度方向相反;dt/dz表示地温梯度(℃/km)。

已知钻井的地温梯度和相应井段的岩石热导率值之后,就可利用分段法和深度-热阻法计算热流(或称热流密度)。

1. 分段法

分段法是用钻孔中不同深度范围内的温度测量数据计算地温梯度,然后乘以相应深度范围内有代表性的岩石热导率值,求取计算段的热流值。每个钻孔可以根据地温和岩石热导率

数据的分布情况选择一个或多个热流计算段,一般选取岩性较均一的井段作为热流计算段。在计算段内要尽可能多地采集岩石样品进行热物性测试,使所测定的热导率数据具有代表性。

2. 深度-热阻法

深度-热阻法主要适用于多个水平岩层的钻井,或者岩石样品采集较多的钻井,计算公式为

$$T(Z) = T_0 + q\sum_{i=1}^{n}\left(\frac{\Delta Z_i}{K_i}\right) \tag{9-2}$$

式中:$\Delta Z_i/K_i$ 为热阻;$\sum_{i=1}^{n}(\Delta Z_i/K_i)$ 为地表至测温深度的 n 个间隔热阻的总和;q 表示地热流;T_0 表示地表温度。

基于式(9-2),对 $T(Z)$ 和 $\sum_{i=1}^{n}(\Delta Z_i/K_i)$ 进行线性回归,该回归直线的斜率等于地表热流 q,直线与温度坐标 T 的截距等于推算的地表温度 T_0。

分段法和深度-热阻法是一维稳态、热传导方程在不同条件下的不同表现形式。分段法适用于岩性比较均一且热导率变化不大的热流计算段;深度-热阻法适用于不同热传导率岩层互层井段。当岩石热导率采用厚度加权调和平均值时,两种方法的计算公式可以相互转换。

(二)热流值估算

根据热流测量的方式或者数据质量的差异,热流数据可以分为实测热流数据和估算热流数据两类。在实际研究情况下,获取一个高质量的热流值是相当艰难的,资料不充足或者缺失是最主要的原因,因此,我们需要对大地热流值进行估算。所谓"估算热流值",就是在缺乏系统测评数据或实测岩石热导率数据情况下,利用非稳态或准稳态温度测井数据、钻探过程中井底测温数据,经过分析校正获得代表性地温梯度值,然后参照对应研究区岩性热导率文献值等,得到"估算热流值"。

在实际钻井的研究中可能存在以下几种情况,在这些情况下计算得到的热流值都归属于"估算热流值"的范畴:①具有系统稳态测温数据但没有实测岩石热导率数据,借用了邻近井相同岩性的实测热导率值进行热流计算;②具有实测岩石热导率值但没有稳态测温数据,而是通过井底温度数据或校正后的非稳态测温数据得到地温梯度进行的热流计算。

实际研究中必须注意的是,分析一个地区或盆地的区域热流分布特征时,必须以实测大地热流值为基础。"估算热流值"在进行误差分析或校正后,才可以作为热流分布特征分析的参数或参考数据。

(三)热流值校正

由于陆地热流测量是在数百米至数千米的钻井中进行的,地表热流既受控于深部构造热

状态所决定的区域背景热流,也可能受到地壳浅部地下水活动等各种地表因素(如地形起伏、古气候的变化、剥蚀抬升、沉降与沉积等)的影响。因此,需对钻孔的实测热流值进行相应校正,以获取能够反映区域或深部真实热状态的背景热流值,校正后的热流值被称为校正热流。实际工作中,常用的热流值校正包括地形校正、地下水活动校正等。

1. 地形校正

在地形起伏较大,相对高差最大超过1000m,且测温深度在地形起伏高程差的范围时,就需要进行热流地形校正。地形起伏对热流分布的影响有两个方面:一是地形凸起处的总热阻大于地形低洼处的总热阻;二是地表温度随高程的变化率小于地温变化率,从而促使热流由地形凸起处向地形低洼处相对集中。

热流值地形校正可采用数值模拟的方法进行,上边界取的温度面,可根据钻孔所在地区多年平均气温 T_0 和气温随高程的变化率 α 求得,侧边界默认为绝热面,下边界默认为等热流面。通过逐步迭代的方法对热流估算值进行校正。

2. 地下水活动校正

地下水活动通常是热流测量中主要的干扰因素,不但干扰强度较大,而且影响范围也较大。对一个深循环区域的地下水系统而言,地下水的运动包括近于垂向的(下渗和上涌)对流与近于水平的(侧向)径流两类。地下水的垂向对流作用通常在测温曲线上有明显的反映,表现为上凸或下凹形。水平方向的地下水径流由于水-岩间的热传导和平衡作用对地温场扰动较小,对地温场扰动较大的是地下水的垂向对流作用。

(四)热流数据质量分类

根据热流参数中测温资料、热导率数据的数量和质量等,汪集暘和黄少鹏(1988)将我国热流数据区分为3个基本类:A类,高质量类,这类数据地温曲线的线性关系好,属稳态传导型温度曲线,岩石热导率样品采自测温段,并具有能代表该测温段岩石热物理性质的足够数量的样品,热流计算段长度较大,一般大于50m;B类,质量较高类,这类数据的基本情况同A类,只是由于种种原因,测温段或热流计算段长度较小,岩石热导率样品数量不足,或采自岩性相同的相邻钻孔;C类,质量较差或质量不明类,该类数据在热流测试钻孔或邻区无法取到岩石热物理性质测试样品,或仅有一块样品。在此情况下,热流计算中岩石热导率参数只能取或参考相应岩类的文献值,因而数据质量较差。胡圣标等(2001)进一步将明显存在浅部或局部因素的干扰或测点位于地表地热异常区的热流数据归为D类,以便于区域传导型热状态研究时可方便地剔除该类代表局部热异常的数据。

三、实习内容和步骤

本次实习内容为热流值计算、热流值校正、热流值质量判定。
(1)阅读表9-1所提供的材料,掌握分段法和深度-热阻法计算热流值,完成实习作业。

表 9-1 我国西部某盆地不同构造单元代表性钻井热分析测试资料

构造单元	井号	深度/m	岩性/% 泥岩	岩性/% 砂岩	热导率/[W·(m·K)$^{-1}$]	地温梯度/(℃/100m)	大地热流/(m·W/m²) 分段法	大地热流/(m·W/m²) 深度-热阻法
北部超覆带	A1	840.35	46.53	53.47	1.62	3.1		
	A2	1 031.65	76.62	23.38	1.55	3.2		
	A3	1 112.57	68.86	31.14	1.46	3.5		
	A4	1 686.91	57.71	42.29	1.60	4.0		
	A5	2 111.16	19.20	80.80	1.70	3.5		
中央隆起带	B	1 142.51	38.64	61.36	1.64	3.7		
	B	1 572.56	42.60	57.40	1.63	3.7		
	B	1 777.18	97.44	2.56	1.51	2.8		
	B	1 815.82	85.28	14.72	1.53	3.1		
	B	2 261.4	29.00	71.00	1.67	3.5		
南部斜坡带	C	2 283.8	50.26	49.74	1.61	3.0		
	C	2354	48.81	51.19	1.62	3.4		
	C	2 691.4	61.13	38.87	1.59	3.9		
	C	2760	39.54	60.46	1.64	3.5		
	C	2 892.1	66.93	33.07	1.59	3.5		

注：为计算方便,假设盆地地表温度为12℃,不考虑变温带和恒温带的深度,岩石热导率取2.0W/(m·K)。

(2)阅读表9-2所提供的材料,掌握估算地热流地形校正法和地下水校正法,并判定热流数据质量,完成实习作业。

表 9-2 我国东南地区部分热流值地形及饱水校正

钻孔编号	地形类别	主要岩性	孔隙度/%	气温直降/(℃·km^{-1})	地温梯度/(℃/100m)	热导率/[W·(m·K)$^{-1}$] K_1	热导率/[W·(m·K)$^{-1}$] ΔK
1	山坡	细砂岩	20	1.62	3.1	1.13	0.45
2	山脊	细砂岩	20	1.55	3.2	1.01	0.41
3	山脚	粉质岩	15	1.46	3.5	1.01	0.41
4	陡坡	泥质砂岩	10	1.60	4.0	0.75	0.15
5	断脊	泥质砂岩	10	1.70	3.5	0.84	0.17

注：表中K_1为风干岩样的热导率,ΔK为干岩样与饱水岩样热导率之差。

四、实习要求和作业

(1) 计算并完成表 9-1 中各测温点(段)大地热流值。
(2) 对表 9-2 中岩石热导率进行校正,并在地形校正的基础上计算大地热流校正值。
(3) 分析不同构造单元大地热流值差异性的原因。
(4) 分析比较不同地形类别大地热流的差别及影响因素。

五、思考题

(1) 不同岩石的热导率差异及其成因分析。
(2) 调研文献,探讨我国东部和西部地区大地热流值特征的差别及其影响因素?

实习十 地热流体元素测定

一、实习目的

地热流体包括地热水与地热蒸汽以及少量的非凝性气体,但不包括天然的碳氢化合物可燃气体。通过本次实习,了解表征地热流体的水化学元素类别,掌握地热流体元素测定方法,探讨地热流体元素的地质意义。

二、相关理论、方法和技术

地热流体的水化学成分与其热储的埋藏条件、围岩岩性、补给条件、循环深度及水-岩作用过程等均有密切的关系。热储岩性很大程度决定了地热流体的水化学成分,是水化学形成的物质基础,地热流体在形成和运移过程中不断与围岩发生水岩反应,溶解围岩的矿物质成分,通常地热流体循环越深,循环时间越久,水-岩作用越充分,其矿物质含量就越高,水化学类型也就越复杂。

地热流体元素分析的阴离子主要有 HCO_3^-、Cl^-、SO_4^{2-}、CO_3^{2-};阳离子主要有 K^+、Na^+、Ca^{2+}、Mg^{2+};微量元素和特殊组分有 F、Br、I、SiO_2、B、H_2S、Al、Pb、Cs、Fe、Mn、Li、Sr、Cu、Zn。地热流体元素判定方法分为图解法和离子比例系数法。

1. 图解法

国内外学者已对地热水元素分析取得了较为丰厚的成果,Piper(1944)根据地下水中主要离子在三线图中的分布特征揭示地下水水化学类型、地下水的演化与混合的特点(图 10-1)。Gibbs(1970)根据全球雨水、河流、湖泊以及海水样品的统计与分析,认为地表水化学成分的控制类型主要有降水控制型、岩石风化型以及蒸发-浓缩型(图 10-2)。Giggenbach(1988,1989,1993)先后创立了 Cl^--SO_4^{2-}-HCO_3^-、N_2-Ar-He、Cl^--Li^+-B 与 Na^+-K^+-Mg^{2+} 三角图,这些三角图也可以对地热流体起源和形成机理做出较为准确的评价,并且对研究地热水的地球化学性质具有重要意义。

Piper 三线图可利用水化学软件 AquaChem 绘制生成,绘制步骤如下:首先,将获取的水化学离子质量浓度全部换算为毫克当量,求其在阳离子或阴离子中所占的比例,从而计算毫克当量的百分数;然后,将整理好的各类水样常规离子质量浓度导入水化学软件中;最后,单击"Graphic"菜单下的"New"→"Piper"命令,软件自动生成离子分布特征图,即 Piper 三线图。

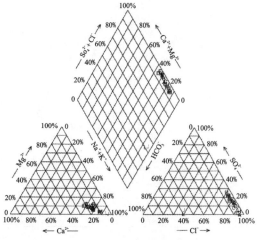

图 10-1　Piper 三角图图版

Gibbs 图的纵坐标为对数坐标,代表地表水中溶解性物质(TDS)的总量,横坐标为普通坐标,代表地表水中阳离子的比值 $\rho Na^+/(Na^++Ca^{2+})$ 或阴离子的比值 $\rho Cl^-/(Cl^-+HCO^{3-})$,是划分 3 种主要控制因素下天然水体的特征区域的一种重要手段。

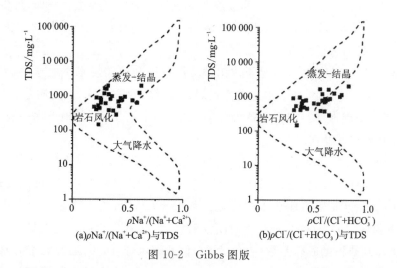

图 10-2　Gibbs 图版

Giggenbach 提出的三角图以 Na-K-Mg 为例(图 10-3),它是一种有效区分地热水类型的图版,主要将地热水区分为完全平衡水、部分平衡水和未成熟水,用于评价热水-围岩之间的平衡状态和预算混合趋势,主要依据以下两个化学反应:

$$NaAlSi_3O_3 + K^+ \rightleftharpoons KAlSi_3O_3 + Na^+$$

$$2.8KAlSi_3O_3 + 1.6H_2O + Mg^{2+} \rightleftharpoons 0.8云母 + 0.2绿泥石 + 5.4SiO_2 + 2K^+$$

上述两个反应式达到完全平衡时,Na^+ 和 K^+ 保持稳定;当地热水升流至地表时,温度降低,平衡状态被打破,Na^+ 和 K^+ 处于非平衡状态;在达到新的平衡时,Na^+ 和 K^+ 处于部分平衡状态。本次实习将地热水的 Na^+、K^+、Mg^{2+} 含量经线性转化后投影到 Na-K-Mg 三线图中,从而判定地热流体处于的平衡状态。

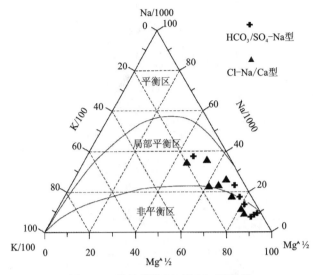

图 10-3 地热流体 Na-K-Mg 平衡图

2. 离子比例系数法

地热流体中各离子比例系数可以间接说明地热流体的成因类型。例如,可以选常规离子系数变质系数($\gamma Na/\gamma Cl$)、脱硫系数($\gamma SO_4/\gamma Cl$)以及通过比较地热水与海水离子系数的差异,对地热热水的成因进行分析。

变质系数($\gamma Na/\gamma Cl$)可以反映地下水浓缩变质程度和热储层水文地球化学环境,通常认为变质系数($\gamma Na/\gamma Cl$)越小,地下水封闭性越好、越浓缩,变质越深,而变质系数($\gamma Na/\gamma Cl$)越大,表明地下水活动越强烈。如变质系数($\gamma Na/\gamma Cl$)小于 0.85,则其地下水一般为沉积水,反映地下水处于比较停滞状态。

脱硫系数($\gamma SO_4/\gamma Cl$)指示地下水的氧化还原环境,通常认为脱硫系数($\gamma SO_4/\gamma Cl$)越小,反映地下水的封闭性越好,反之封闭性越差。通过脱硫系数($\gamma SO_4/\gamma Cl$)可以发现,水化学类型为 Cl-Na、Cl-Na·Ca 型的地热水的脱硫系数($\gamma SO_4/\gamma Cl$)的值普遍接近海水的脱硫系数($\gamma SO_4/\gamma Cl$)的值(0.10),反映地热水封闭性较好,推断其主要原因是地热水与海水的混合作用。其他类型地热田的脱硫系数($\gamma SO_4/\gamma Cl$)值普遍大于 1.00,远远大于海水的脱硫系数($\gamma SO_4/\gamma Cl$)的值(0.10),反映为地热水水动力环境封闭性差,待更新能力更强。

通过变质系数($\gamma Na/\gamma Cl$)、脱硫系数($\gamma SO_4/\gamma Cl$)可以发现,Cl-Na、Cl-Na·Ca 型地热水的水动力环境封闭性好,地下水处于比较停滞状态,且其矿化度普遍较高;HCO_3·Na-SO_4·Na_2 型地热水的水动力环境封闭性差,地下水活动强烈,其矿化度相对较低。

三、实习内容和步骤

针对地热水、地下水以及河水的样品在现场就已经测定了 pH 值、电导、温度、TDS、溶氧

及碱度等参数,在实验室内主要针对不同水样进行常规阴阳离子检测,步骤如下:

(1)前处理。将水样经微孔滤膜过滤,然后将其装入润洗过的聚乙烯瓶中。

(2)取水样。取用于测试的阳离子、阴离子以及微量元素的水样各500mL,并用3M密封条进行封口,以防水样受到外部污染。

(3)测试阶段。水样阴离子、阳离子和微量元素分别采用离子色谱仪进行测试。所有水样的阴、阳离子电荷平衡误差均低于±5%。岩样磨粉后加入离子水浸没并震荡,反复3次处理后烘干并放入干燥器冷却。采用酸溶法分解样品,稀释后的岩样溶液的主量、微量元素分析方法与水样测试方法一致。

四、思考题

(1)野外进行水样采集需要注意的方面有哪些?

(2)热储中非凝性气体的测定方式有哪些?

实习十一　地热流体同位素测定

一、实习目的

同位素技术主要应用于地热流体的示踪和测年,具体包括追踪地热流体补给来源、水热循环系统、地球化学反应和反应速度等。通过本次实习,了解研究地热流体同位素的目的和意义,掌握液态水同位素分析仪测量流程,分析不同地区地热田水同位素地球化学特征。

二、相关理论、方法和技术

本次实习主要了解同位素测量方法、原理及应用。

（一）稳定同位素测定方法

地热流体中(气态和液态)稳定同位素测试参数主要有氢(H)同位素、氧(O)同位素、氮(N)同位素、硫(S)同位素、碳(C)同位素、硅(Si)同位素、锂(Li)同位素和稀有气体同位素氦(He)、氖(Ne)、氩(Ar)和氪(Kr)等。目前,测定稳定同位素最常用的方法有质谱法和激光法。

1. 质谱法

质谱是按照原子或分子质量顺序排列的图谱。质谱仪的原理是对带电粒子起分离作用,将被研究的原子或分子转变成离子,以期获得质量 m 与电荷 e 的比值。同位素质谱仪的原理是首先将样品转化为气体(如 CO_2、N_2、SO_2 或 H_2),在离子源中将气体分子离子化,即从每个分子中剥离一个电子,导致每个分子带有一个正电荷。然后,将离子化气体打入飞行管中,磁铁位于飞行管上方,带电分子依质量不同而分离,含有重同位素的分子弯曲程度小于含轻同位素的分子,以此来区分同位素浓度。

实际测定中,不是直接测定同位素的绝对含量,因为这一点很难做到。学者们大多利用测试样品与标准样品的算数比值法来分析稳定同位素浓度的变化,即

$$\delta^{18}O_{sample} = \left[\frac{m\,(^{18}O/^{16}O)_{sample}}{m\,(^{18}O/^{16}O)_{reference}} - 1\right] \times 1000‰ \text{V-SMOW} \qquad (11-1)$$

式中:$\delta^{18}O_{sample}$ 为测试样品氧同位素浓度;$m\,(^{18}O/^{16}O)_{sample}$ 为测试样品同位素质量比;

$m(^{18}O/^{16}O)_{reference}$ 为标准样品同位素质量比。

V-SMOW(vienna standard mean ocean water)为联合国国际原子能机构(IAEA)发布的维也纳平均海洋水标准,由于海洋水同位素测量存在较大的亏损,IAEA 分发了第二个 ^2H、^{18}O 测量标准,即轻南极降水标准(standard light antarctic precipitation,SLAP)。

2. 激光法

除质谱法之外,D/H 和 $^{18}O/^{16}O$ 以及 $^{10}B/^{11}B$ 同位素比值还可用激光吸收法进行测定。它的原理是氢氧同位素对特定波长的激光具有特征吸收,并根据吸收能量的强弱对同位素比值进行定量。图 11-1 为 H_2O 和 HDO 在不同波长下吸收光谱。通过对标准物质(V-SMOW)的测定,δD 和 $δ^{18}O$ 的分析测试精度分别达到 0.5‰ 和 0.1‰。

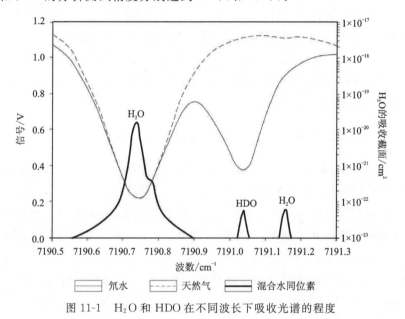

图 11-1　H_2O 和 HDO 在不同波长下吸收光谱的程度

(二)稳定同位素分馏效应

稳定同位素分馏是指在某一系统中,某元素的同位素以不同的比值分配到两种物质或两相中的现象。由于不同的分子种类反应速度不同,因此任何一个热动力反应中都会发生同位素分馏作用。对同位素分馏进行定量判定主要用分馏系数 α 表示,分馏系数 α 是一个表征同位素成分及其含量变化程度的系数,定义为反应物和生成物同位素比的比值,即

$$\alpha = \frac{R_{reactant}}{R_{product}} \tag{11-2}$$

式中:α 为分馏系数;$R_{reactant}$ 为反应物的重同位素与轻同位素的比值;$R_{product}$ 为生成物的重同位素与轻同位素的比值。

例如:

$$\alpha^{18}O_{H-G} = \frac{(^{18}O/^{16}O)_H}{(^{18}O/^{16}O)_G} \tag{11-3}$$

该式表达了水由液相转化为气相的物理变化中，^{18}O同位素以不同的比值分配到液相和气相中的变化程度，这种变化程度用分馏系数$\alpha^{18}O_{H-G}$表示。

(三) 稳定同位素应用

目前有多个地球化学参数用于监测或评估地热流体的组成、岩石化学、岩体的渗透性和补给水的交换速率等，其中最重要的一个参数即为稳定同位素丰度比。同位素丰度特征可以反映地热流体的来源、演化和循环周期等，是一种理想的"指示剂"，对同位素组成的研究还可以有效缩减岩芯钻孔所消耗的成本。

1. 氢(D 和 H)氧(^{18}O 和 ^{16}O)同位素

氢氧同位素丰度比值作为一种示踪参数在地热流体中较多应用于地热流体来源和水-岩反应的程度评价。由于不同来源的地热流体具有不同的氢氧同位素组成，如来自大气降水的氢氧同位素组成与来自地壳深部或地幔流体的氢氧同位素组成不同。地层中的水-岩反应会使氢氧同位素比值发生漂移，可反映地层中水与沉积物的反应情况。因此，氢氧同位素丰度比值不仅可以用于指示地热体的来源，也可以判断水与沉积岩石的化学反应过程。

2. 硼(^{11}B 和 ^{10}B)和锶(^{86}Sr、^{87}Sr 和 ^{88}Sr)同位素

在水-岩反应中硼元素具有高度不相容性，同时也不参与二次成矿，因此硼在水-岩反应中会发生同位素分馏效应，研究硼的稳定同位素($^{11}B/^{10}B$)比值可以有效反映深部水-岩反应的情况。锶同位素($^{87}Sr/^{86}Sr$)能够直接反映岩石的种类，因此研究锶同位素比值可以推测地热流体的迁移路径和水源补给源头。在低温地热水系统中，锶($^{87}Sr/^{86}Sr$)和$\delta^{11}B$均可用于研究地热水的来源配比以及循环情况。

稳定硼同位素(^{11}B、^{10}B)的比值测定通常有正离子模式和负离子模式。其中，负离子模式需采集足够量的水样，分离得到至少 2ng 硼，将提纯后的硼加载于经过脱气和净化后的金属铼(Re)上，最终以二氧化硼的形式经热电离测定，测试精度优于1‰。硼同位素结果以$\delta^{11}B$报出，测定精度为±0.5‰。稳定同位素锶(^{86}Sr、^{87}Sr 和 ^{88}Sr)的比值通常采用热电离同位素质谱仪(TIMS)测定，测定结果通过标准物质 NBS987 进行校正，在95%的置信度区间内，测试精度达0.02‰。

3. 氦(^{4}He 和 ^{3}He)同位素

^{4}He来源于铀和钍的衰变，^{3}He属于非放射性衰变产物，主要来源于地幔。因此氦同位素组成可以用于反映地热流体与深部地幔之间的交互作用，还可以用于确定地热流体的循环深度。若在地表某取样点测得$^{3}He/^{4}He$的比值高于该地区平均值和地壳产生氦气的比值，则表明该取样点的氦气来源于地幔。

4. 碳(^{13}C)同位素

地热流体的挥发性气体中二氧化碳(CO_2)的体积分数占所有气体总和的90%，甚至更

高,所以常常以二氧化碳(CO_2)中的碳(^{13}C)同位素丰度作为研究对象来判定气体来源。地热气体中的甲烷(CH_4)也含有碳元素,在研究流体中碳同位素丰度时需区别考虑。通常根据样品中甲烷的 $\delta^{13}C$ 值,可判断样品中的烃是来自深部油气储的热解烃,还是来自浅表干扰的生物烃。

5. 其他稳定同位素

氮气(N_2)和氩气(Ar)虽然主要来源于大气,但在地热流体中的氮、氩等惰性气体可以判断地热流体的补给来源。地热流体中稳定同位素氮、氩等,通常采用稀有气体稳定同位素质谱法测定。

三、实习内容和步骤

基于稳定同位素质谱分析仪,对液态水进行分析测量,过程及步骤如下:

(1)对液态水样品进行前处理过程,并以气体形式送入质谱分析仪器的离子源中。

(2)将液态水的 H、D 元素转变为电荷为 e 的阳离子,应用纵电场将离子束准直成为一定能量的平行离子束。

(3)利用电、磁分析器将离子束分解为不同 m/e 比值的组分。

(4)记录并测定离子束每一组分的强度。

(5)应用计算机程序将离子束强度转化为同位素丰度。

(6)将待测样品与工作标准相比较,得到相对于国际标准的同位素比值。

四、思考题

(1)稳定同位素的测定参数有哪些?最常用的测定方法是什么?

(2)稳定同位素比值的主要应用有哪些?

实习十二　单井地热资源评价

一、实习目的

基于地热勘查的思路以及各种实验得到的地热岩石和流体各种参数,对单井地热资源进行评价。通过本次实习,掌握单井地热资源评价的技术方法,对不同地质构造背景下单井地热资源进行评价。

二、相关理论、方法和技术

地热资源类型不同,其资源量计算的方法也不相同,对于目前已发现的沉积盆地型、断裂(裂隙)型和岩浆活动型等 3 种基本地热资源类型,主要采用地表热流量法、体积法(热储法)、类比法、平面裂隙法、热储模拟法等几种方法进行资源评价。其中,地表热流量法适用于地表热显示密集的热田区;体积法又称热储法,可计算某一地区岩体和水中所含全部热量,即地热能积存量;类比法是体积法的一种,利用除面积之外的一套固定参数,仅适用于勘查的初级阶段;平面裂隙法主要适用于岩浆岩或变质岩区裂隙基岩热储中地热资源的评价;热储模拟法包括集中参数模型和数值模型等,广泛用于开采条件下的热储响应分析,是评价开采条件下地热田剩余储量的最为合适的方法。进行地热资源评价时,应针对地热田地热地质特征和不同勘查阶段采用相应的评价方法。

本次实习只介绍较为成熟的地表热流量法、体积法以及类比法。

(一)地表热流量法

地表热流量法又称自然放热推算法,是依据地表散发的热量估算地热资源的一种方法,主要用于地热勘查研究程度低且有地热温泉出露或有地表热显示的地区。

地热田向外散发的热量包括喷气孔的蒸汽散热量、冒气地面和放热地面的散热量、沸泉和温(热)泉的散热量以及地温异常区的散热量等几种(表 12-1)。

1. 喷气孔的蒸汽散热量

在喷气孔出口处可以直接测量蒸汽温度、流速及喷气孔截面积,而后根据蒸汽温度查饱和蒸汽表即可得出相应的蒸汽密度和热焓值,具备了这些参数便可计算喷气孔的散热量,即

表 12-1 地热资源/储量查明程度与计算方法

类别		验证的	探明的	控制的	推断的
单泉		多年动态资料	年动态资料	调查实测资料	文献资料
单井		多年动态预测值	产能测试内插值	实际产能测试	试验资料外推
地热田	钻井控制程度	满足开采阶段要求	满足可行性阶段要求	满足预可行性阶段要求	其他目的勘查孔
	开采程度	全面开采	多井开采	个别井开采	自然排泄
	动态监测	5 年以上	不少于 1 年	短期监测或偶测值	偶测值
	计算参数依据	勘查测试、多年开采与多年动态	多井勘查测试及经验值	个别井勘查、物探推测和经验值	理论推断和经验值
	计算方法	数值法、统计分析法等	解析法,比拟法等	热储法、比拟法、热排量统计法等	热储法及理论推断

$$D_s = A_f \overline{V} \rho_s H_s \tag{12-1}$$

式中:D_s 为喷气孔散热量(kJ/s);A_f 为喷气孔出口的截面积(m^2);$\overline{V}$ 为蒸汽平均流速(m/s);ρ_s 为蒸汽密度(kg/m^3);H_s 为蒸汽热焓(kJ/kg)。

2. 冒气地面和放热地面的散热量

冒气地面不仅分布面积较大,而且排放热量的强度一般也很大,通常可使用量热箱(图 12-1)进行测量,但由于地面的散热流量不太均匀,测量精度在一定程度上受到限制。

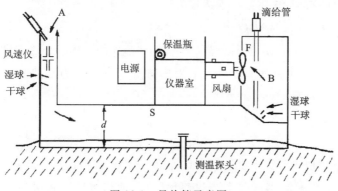

图 12-1 量热箱示意图

根据量热箱进、出口测得的空气温度、湿度、流速,结合出口的截面积以及量热箱的底面积,可计算出冒气地面和放热地面所放出的热流量,即

$$Q_g = [V \rho_a C_a (t_2 - t_1) + V(\sigma_2 H_2 - \sigma_1 H_1)] / A_b \tag{12-2}$$

式中:Q_g 为冒气地面和放热地面的散热强度(W/m^2);V 为单位时间进入量热箱的空气体积(m^3/s);ρ_a 为空气密度(kg/m^3);C_a 为空气的比热容[J/(kg·℃)];t_2、t_1 分别为出口和进口处

的空气温度(℃);σ_1、σ_2 分别为流进和流出量热箱的空气湿度(kg/m³);H_2、H_1 分别为与出口和进口处的空气温度相应的蒸气焓(kJ/kg);A_b 为量热箱底面积(m²)。

3. 沸泉和温(热)泉的散热量

温(热)泉水放出的热的计算公式为

$$D_w = C_w \rho_w Q_w (t_w - t_s) \tag{12-3}$$

式中:D_w 为温(热)泉水的散热比(kJ/s);C_w 为温(热)泉水的比热容[kJ/(kg·℃)];ρ_w 为温(热)泉水的密度(kg/m³);Q_w 为温(热)泉水的流量(m³/s);t_w 为温(热)泉水的温度(℃);t_s 为基准温度或当地平均气温(℃)。

4. 地温异常区的散热量

地热区内某些区段有时由于近地表地带有热流体活动,在无水汽露头之处地表温度也出现明显的异常,热流体相当于一个热源,大幅度提升了等温面,从而加大了上覆岩层的地温梯度,导致热传导流量比正常热流区骤然增加。一般情况下,其散热量比喷气孔、冒气地面和温(热)泉的要小,但由于地温异常区的面积大,因此所放出的热量也就比较可观,不容忽略。

(二)体积法

体积法又称为热储法或储存热量法。该评价方法是将热储层岩体及其孔隙介质中赋存和运移的地热流体作为整体,计算相对于当地基准温度(当地平均气温)而言,整个热储体积所蕴藏的全部热能量。

数值上,储存热量等于热储体积、岩(土)体与热流体的平均混合热容量以及热储温度与当地基准温度之差的乘积,具体数学表达式为

$$Q_h = (\rho^C) A h (t_r - t_s) \tag{12-4}$$

式中:Q_h 为地热资源量(kcal);ρ^C 为热储岩(土)体与热流体的平均混合热容量[kcal/(m³·℃)];A 为热储层面积(m²);h 为热储厚度(m);t_r 为热储温度(℃);t_s 为基准温度(即当地地下恒温层温度或年平均气温)(℃)。

(三)类比法

类比法主要采用地热资源丰度进行类比评价,评价步骤为:

(1)建立类比评价标准,其中主要考虑热储特性、地热水性质和保存条件,重点为热储评价参数,包括热储的孔隙类型、厚度、面积、孔隙度、渗透率、埋深和温度等。

(2)通过评价区与地质特征相似的刻度区(地热地质认识清楚、资源及分布清楚、已进行过地热开发的地质单元)进行各参数类比,获取相似系数,计算评价区的地热资源量。

类比法进行地热资源评价的重点在于获取热储的评价参数。由于不同盆地、不同地区、不同层系的热储有较大差异,在采用类比法计算地热资源量时,要选择地热地质条件相似的地区进行类比评价,以减少计算误差。

三、实习内容和步骤

本次实习内容主要利用体积法对北京某地区地热资源进行计算,具体步骤如下:

(1)研究区地质背景。北京某地热田热储层为蓟县系雾迷山组,热储温度变化较大,西北侧最低为 57℃,东南侧最高达到 71℃。

(2)研究区范围及分区。北京某地热田面积为 10km²,为了更加精确地计算研究区内的地热储量,我们把这 10km² 范围分为 9 个小区,分别确定各小区的计算参数。

(3)计算热储体积。研究区内地热井深度均在 2000～3000m 之间,该区域开发 3000m 以浅的地热资源较为经济,而 3000～4000m 之间的地热资源为亚经济型(表 12-2)。

表 12-2 研究区热储体积分区计算表

分区	面积/×10⁶m²	3000m 以浅热储厚度/m	3000m 以浅热储体积/10⁹m³	3000～4000m 热储厚度/m	3000～4000m 热储体积/10⁹m³
Ⅰ	1.33	1250	1.66	950	1.26
Ⅱ	1.00	1500	1.50	700	0.70
Ⅲ	1.00	1450	1.45	750	0.75
Ⅳ	1.33	1030	1.37	1000	1.33
Ⅴ	1.00	1190	1.19	1000	1.00
Ⅵ	1.00	1140	1.14	1000	1.00
Ⅶ	1.33	880	1.17	1000	1.33
Ⅷ	1.00	970	0.97	1000	1.00
Ⅸ	1.00	970	0.97	1000	1.00
总计			11.42		9.37

(4)确定热储温度。在本次计算中,各小区以储层顶板的温度与计算下限处温度的平均值作为热储温度,其中计算下限处的温度值以平均地温梯度 2℃/100m 来确定(表 12-3)。

表 12-3 研究区热储温度计算表

分区	雾迷山组顶板平均温度/℃	3000m 以浅热储平均温度/℃	3000～4000m 热储平均温度/℃
Ⅰ	59.0	71.5	93.5
Ⅱ	60.5	75.5	97.5
Ⅲ	62.0	76.5	98.5
Ⅳ	64.0	74.3	94.6
Ⅴ	66.0	77.9	99.8

续表 12-3

分区	雾迷山组顶板平均温度/℃	3000m 以浅热储平均温度/℃	3000～4000m 热储平均温度/℃
Ⅵ	67.0	78.4	99.8
Ⅶ	68.0	76.8	95.6
Ⅷ	69.0	78.7	98.4
Ⅸ	70.0	79.7	99.4

(5)确定热储孔隙度。蓟县系雾迷山组热储层为一套巨厚的白云岩,其间发育有大量岩溶裂隙,这些岩溶裂隙是地下热水赋存的主要场所。因此,裂隙率是决定地热资源量大小的主要因素。储层裂隙率可由钻孔取芯通过实验测得,也可以由相关经验公式所得。

(6)计算地热资源量。分基础资源量和地热资源量进行计算,具体如表 12-4 所示。

表 12-4 研究区地热资源量统计表

资源类型		资源量(kJ×10^{12})	备注
基础资源量	经济型		3000m 以浅储层中的热量
	亚经济型		3000～4000m 储层中的热量
	合计		4000m 以浅储层中的热量
地热资源量	经济型		3000m 以浅储层中的热量
	亚经济型		3000～4000m 储层中的热量
	合计		4000m 以浅储层中的热量

四、实习要求和作业

(1)学习地表热流量法、体积法(热储法)以及类比法等方法计算地热资源量的基本原理,重点掌握体积法(热储法)计算地热资源量的计算流程。

(2)查阅相关文献探讨地表热流量法、体积法(热储法)以及类比法在地热资源评价方面的适用性,并撰写一篇读书报告。

五、思考题

(1)地热资源评价参数的地质意义是什么?
(2)地热资源评价软件有哪些?各自的适用性如何?

参考文献

曹阳,施尚明,李雪英,等,2000.地热资源综合评价方法[J].测井技术,24(S1):511-514.

陈昌剑,马青山,徐卫东,等,2021.南昌平原区孔隙地下水水化学特征及成因分析[J].地下水,43(3):13-15.

陈昌昕,严加永,周文月,等,2020.地热地球物理勘探现状与展望[J].地球物理学进展,35(4):1223-1231.

陈驰,朱传庆,唐博宁,等,2020.岩石热导率影响因素研究进展[J].地球物理学进展,35(6):2047-2057.

陈刚,李和平,苗社强,2016.高温高压下榴辉岩和玄武岩热扩散系数的测量[J].高压物理学报,30(1):27-31.

程超,于文刚,贾婉婷,等,2017.岩石热物理性质的研究进展及发展趋势[J].地球科学进展,32(10):1072-1083.

崔恒哲,2016.综合物探在地热资源勘查中的应用[D].北京:中国地质大学(北京).

窦斌,田红,郑君,2020.地热工程学[M].武汉:中国地质大学出版社.

多吉,王贵玲,郑克棪,2017.中国地热资源开发利用战略研究[M].北京:科学出版社.

龚建洛,张金功,惠涛,等,2013.沉积岩热导率的影响因素研究现状[J].地下水,35(4):246-249.

郭平业,卜墨华,李清波,等,2020.岩石有效热导率精准测量及表征模型研究进展[J].岩石力学与工程学报,39(10):1983-2013.

韩朝辉,朱一龙,王郅睿,等,2022.汉中盆地不同径流条件下地下水水化学特征研究[J].地下水,44(1):26-29.

何晓文,许光泉,王伟宁,2011.浅层地下水重金属元素的富集特征研究[J].环境工程学报,5(2):322-326.

何治亮,冯建赟,张英,等,2017.试论中国地热单元分级分类评价体系[J].地学前缘,24(3):168-179.

侯庆秋,董少刚,张旻玮,2020.内蒙古四子王旗浅层地下水水化学特征及其成因[J].干旱区资源与环境,34(4):116-121.

胡圣标,何丽娟,汪集旸,2001.中国大陆地区大地热流数据汇编(第三版)[J].地球物理学报,44(5):611-626.

胡圣标,汪集旸,1994.中国东南地区地壳生热率与地幔热流[J].中国科学(B辑 化学 生

命科学 地学)(2):185-193.

黄仲良,1999.石油重·磁·电勘探[M].东营:石油大学出版社.

贾智鹏,王晋强,刘建军,2004.综合物探在地热勘查中的应用[J].山西科技(3):84-85.

李丛,张平,代磊,等,2021.综合物探在中深层地热勘查的应用研究[J].地球物理学进展,36(2):611-617.

李克文,王磊,毛小平,等,2012.油田伴生地热资源评价与高效开发[J].科技导报,30(32):32-41.

李巧灵,雷晓东,李晨,等,2019.微动测深法探测厚覆盖层结构:以北京城市副中心为例[J].地球物理学进展,34(4):1635-1643.

李贤庆,侯读杰,张爱云,2001.油田水地球化学研究进展[J].地质科技情报,20(2):51-54.

蔺文静,刘志明,马峰,等,2012.我国陆区干热岩资源潜力估算[J].地球学报,33(5):807-811.

刘明亮,何曈,吴启帆,等,2020.雄安新区地热水化学特征及其指示意义[J].地球科学,45(6):2221-2231.

骆迪,刘展,李曼,等,2013.重力校正中存在的若干问题[J].地球物理学进展,28(1):111-120.

马冰,贾凌霄,于洋,等,2021.世界地热能开发利用现状与展望[J].中国地质,48(6):1734-1747.

苗社强,李和平,陈刚,2014.高温高压下岩石热扩散系数的测量:以玄武岩为例[J].高压物理学报,28(1):11-17.

苗社强,周永胜,2017.激光闪射法测量一种砂岩的高温热扩散系数和热导率[J].矿物岩石地球化学通报,36(3):450-454.

那金,姜雪,姜振蛟,2021.康定-老榆林地热系统氢氧同位素迁移数值模拟分析[J].地球科学,46(7):2646-2656.

钱会,马致远,2005.水文地球化学[M].北京:地质出版社.

秦大军,庞忠和,JEFFREY V,等,2005.西安地区地热水和渭北岩溶水同位素特征及相互关系[J].岩石学报,21(5):1489-1500.

邱楠生,2002.中国西北部盆地岩石热导率和生热率特征[J].地质科学,37(2):196-206.

邱楠生,胡圣标,何丽娟,2004.沉积盆地热体制研究的理论与应用[M].北京:石油工业出版社.

邱楠生,胡圣标,何丽娟,2019.沉积盆地地热学[M].青岛:中国石油大学出版社.

饶松,朱传庆,廖宗宝,等,2014.利用自然伽马测井计算准噶尔盆地沉积层生热率及其热流贡献[J].地球物理学报,57(5):1554-1567.

上官士青,徐洋洋,魏来,2009.浅谈浅层地热电法勘探原理及多参数处理[J].科技信息(3):65-85.

沈显杰,杨淑贞,张文仁,1988.岩石热物理性质及其测试[M].北京:科学出版社.

石耀霖,1996.迅速抬升剥蚀山区大地热流的地形校正[J].地球物理学报,39(S1):264-269.

孙大明,2022.大连地区地下水化学特征分析及形成机制研究[J].水资源开发与管理,8(2):54-58.

谭现锋,王浩,张震宇,2015.山东省陈庄潜凸起区地温场特征与泰山岩群放射性元素生热率[J].科技导报,33(19):58-61.

滕彦国,左锐,王金生,等,2010.区域地下水演化的地球化学研究进展[J].水科学进展,21(1):127-136.

汪集暘,2016.地热学及其应用[M].北京:科学出版社.

汪集暘,龚宇烈,陆振能,等,2013.从欧洲地热发展看我国地热开发利用问题[J].新能源进展,1(1):1-6.

汪集暘,邱楠生,胡圣标,等,2017.中国油田地热研究的进展和发展趋势[J].地学前缘,24(3):1-12.

汪洋,2006.应用大地热流和地下流体氦同位素组成资料计算中国大陆地壳生热元素丰度[J].中国地质,33(4):920-927.

汪洋,邓晋福,汪集暘,等,2001.中国大陆热流分布特征及热-构造分区[J].中国科学院研究生院学报,18(1):51-58.

王贵玲,2019.中国主要沉积盆地地热资源[M].北京:科学出版社.

王贵玲,蔺文静,2020.我国主要水热型地热系统形成机制与成因模式[J].地质学报,94(7):1923-1937.

王贵玲,刘彦广,朱喜,等,2020.中国地热资源现状及发展趋势[J].地学前缘,27(1):1-9.

王贵玲,张薇,梁继运,等,2017.中国地热资源潜力评价[J].地球学报,38(4):449-450.

王贵玲,张薇,蔺文静,等,2018.全国地热资源调查评价与勘查示范工程进展[J].中国地质调查,15(2):1-7.

王国建,宁丽荣,李广之,等,2021.沉积盆地型与隆起山地型地热系统地表地球化学异常模式差异性分析[J].地质论评,67(1):117-128.

王社教,李峰,闫家泓,等,2020.油田地热资源评价方法及应用[J].石油学报,41(5):553-564.

王社教,闫家泓,黎民,等,2014.油田地热资源评价研究新进展[J].地质科学,49(3):771-780.

王婷灏,毛翔,国殿斌,等,2019.世界干热岩地热资源开发进展与地质背景分析[J].地质论评,65(6):1462-1472.

王卫星,赵娜,张亚娜,等,2015.土壤元素地球化学异常对天津地区地热田异常的指示[J].地质与勘探,51(5):932-938.

王心义,廖资生,韩星霞,等,2002.地热资源评价的蒙特卡罗法[J].水文地质工程地质(4):10-13.

吴玺,安永会,魏世博,等,2021.黑河下游鼎新谷地浅层地下水水化学特征及演化规律

[J].干旱区资源与环境,35(9):103-109.

吴晓丽,张杨,孙媛媛,等,2021.平朔矿区地下水水化学特征及成因[J].南京大学学报(自然科学),57(3):417-425.

武斌,2013.松潘甘孜地区地热资源的地球物理勘探研究[D].成都:成都理工大学.

谢先军,王焰新,李俊霞,等,2012.大同盆地高砷地下水稀土元素特征及其指示意义[J].地球科学(中国地质大学学报),37(2):381-390.

徐单,2017.海南省龙沐湾地热田的水文地球化学研究[D].南昌:东华理工大学.

徐世光,郭远生,2009.地热学基础[M].北京:科学出版社.

闫家泓,2022.油区地热资源评价与开发利用实践[M].北京:石油工业出版社.

闫强,于汶加,王安建,等,2009.全球地热资源述评[J].可再生能源,27(6):69-73.

杨峰,阮明,张东强,等,2018.海南省三亚市海坡地区热矿水同位素地球化学特征研究[J].地下水,40(4):15-17.

叶思源,孙继朝,姜春永,2002.水文地球化学研究现状与进展[J].地球学报,23(5):477-482.

于琪,朱焕来,杨霄宇,2020.TCS 岩石热导率测试与特征分析[J].中国锰业,38(3):45-50.

于伟东,王慧明,杨晓成,等,2020.褐煤比热容及热扩散系数随温度衍化规律实验研究[J].煤炭工程,52(11):149-153.

曾昭发,陈雄,李静,等,2012.地热地球物理勘探新进展[J].地球物理学进展,27(1):168-178.

曾昭华,蔡伟娣,张志良,2004.地下水中锰元素的迁移富集及其控制因素[J].资源环境与工程,18(4):39-42.

张磊,郭丽爽,刘树文,等,2021.四川鲜水河-安宁河断裂带温泉氢氧稳定同位素特征[J].岩石学报,37(2):589-598.

张薇,王贵玲,刘峰,等,2019.中国沉积盆地型地热资源特征[J].中国地质,46(2):255-268.

张振国,1992.地热资源勘查评价方法[M].北京:地质出版社.

章邦桐,凌洪飞,陈培荣,等,2010.岩石古放射性生热率的校正及其地球化学意义[J].矿物岩石地球化学通报,29(2):181-184.

郑克棪,陈梓慧,2017.中国干热岩开发:任重而道远[J].中外能源,22(2):21-25.

郑克棪,潘小平,2009.中国地热发电开发现状与前景[J].中外能源,14(2):45-48.

郑永飞,陈江峰,2000.稳定同位素地球化学[M].北京:科学出版社.

中国科学院地质研究所地热组,1979.中国第一批大地热流数据[J].地震学报,11(1):91-107.

庄庆祥,2016.地球物探勘查在地热勘查中的应用原理与作用探讨[J].能源与环境(2):8.

WILLIAM J HINZEL,胡加山,2008.重力校正方法的改进与数据的重新归算[J].油气地球物理(3):6.

AREVALO JR R,MCDONOUGH W F,LUONG M,2009. The K/U ratio of the silicate Earth:Insights into mantle composition,structure and thermal evolution[J]. Earth and Planetary Science Letters,278:361-369.

ARNÓRSSON S,GUNNLAUGSSON E,SVAVARSSON H,1983. The chemistry of geothermal waters in iceland. Ⅲ. Chemical geothermometry in geothermal investigations[J]. Geochimica et Cosmochimica Acta,47:567-577.

CHEN F,POPOV Y A,SEVOSTIANOV I,et al.,2017. Replacement relations for thermal conductivity of a porous rock[J]. International Journal of Rock Mechanics and Mining Sciences,97:64-74.

CIRIACO A E,ZARROUK S J,ZAKERI G,2020. Geothermal resource and reserve assessment methodology:Overview, analysis and future directions[J]. Renewable & sustainable energy reviews,119:109515.

FOURNIER R O,1977. Chemical geothermometers and mixing model for geothermal systems[J]. Geothermics,5:41-50.

FOURNIER R O,TRUESDELL A H,1973. An empirical Na-K-Ca geothermometer for natural waters[J]. Geochim. Cosmochim. Acta,37:1255-1275.

FUCHS S,BALLING N,FOERSTER A,2015. Calculation of thermal conductivity, thermal diffusivity and specific heat capacity of sedimentary rocks using petrophysical well logs[J]. Geophysical journal international,203(3):1977-2000.

FUCHS S,SCHUTZ F,FORSTER H J,et al.,2013. Evaluation of common mixing models for calculating bulk thermal conductivity of sedimentary rocks:Correction charts and new conversion equations [J]. Gerthermics,47:40-52.

GU Y,RUEHAAK W,BAER K,et al.,2017. Using seismic data to estimate the spatial distribution of rock thermal conductivity at reservoir scale[J]. Geothermics,66:61-72.

GUO P Y,ZHANG N,HE M C,et al.,2017. Effect of water saturation and temperature in the range of 193 to 373 K on the thermal conductivity of sandstone[J]. Tectonophysics, 699:121.

JIA G S,TAO Z Y,MENG X Z,et al.,2019. Review of effective thermal conductivity models of rock-soil for geothermal energy applications[J]. Geothermics,77:1-11.

LEE Y,DEMING D,1998. Evaluation of thermal conductivity temperature corrections applied in terrestrial heat flow studies[J]. Journal of Geophysical Research,103(B2): 2447-2454.

LI Z,ZHANG Y,GONG Y,et al.,2020. Influences of mechanical damage and water saturation on the distributed thermal conductivity of granite[J]. Geothermics,83:101736.

LUCAS P,JOEL S,LIONEL E,et al.,2014. Prediction of rocks thermal conductivity from elastic wave velocities,mineralogy and microstructure[J]. Geophysical Journal International,197:860-874.

LUND J W,TOTH A N,2021. Direct utilization of geothermal energy 2020 worldwide review[J]. Geothermics,90.

MOECK I S,2014. Catalog of geothermal play types based on geologic controls[J]. Renewable & Sustainable Energy Reviews,37:867-882.

NAGARAJU P,ROY S,2014. Effect of water saturation on rock thermal conductivity measurements[J]. Tectonophysics,626:137-143.

RYBACH L,1976. Radioactive heat production in rocks and its relation to other petrophysical parameters[J]. Pageoph,114:309-317.

VASSEUR G,BRIGAUD F,DEMONGODIN L,1995. Thermal conductivity estimation in sedimentary basins[J]. Tectonophysics,244(1):167-174.